未確認動物
UMA
Unidentified Mysterious Animals

絶滅
未確認動物
EMA
Extinct Mysterious Animals

読本

a theory of Unidentified Mysterious Animals/Extinct Mysterious Animals

實吉達郎
Tatsuo Saneyoshi

新紀元社

第壱部

UMA 未確認動物 Unidentified Mysterious Animals

第弐部

EMA 絶滅未確認動物 Extinct Mysterious Animals

スペシャル巻末

EA 絶滅動物 Extinct Animals

ＵＭＡ、ＥＡＭ、ＥＡとは?

まず、ＵＭＡは「未確認動物」の記号名です。もちろん、ＵＦＯ（未確認飛行物体：Unidentified Flying Object）のもじりで、Unidentified Mysterious Animalsの略。国際的に通用していない、と不機嫌そうにおっしゃる方もありますが、和製英語ですから国際的に通用しているはずはありません。

定義しようとするなら、「この地球上のどこかに、たぶん、いると思われるのだが、標本という実体（証拠）がないので、まだ、いるとはいえない動物のこと」ということになります。雪男やネッシーがその代表。

次に、ＥＡＭとＥＡは今回のこの著作にあたり、慌てて（?）急造した記号名です。ＥＡＭ（Extinct Mysterious Animalsの略）は絶滅した動物のことですが、そのなかでだいぶＵＭＡに近いもの、一応、「絶滅したことになっているのだが、生存説もある動物たち」を指します。ＵＭＡとのはっきりした違いは、化石なり遺体なり、「かつて実在した」という証拠があることです。それらが目次の第弐部を成しています。マンモス、ステラー海牛《かいぎゅう》、ニホンオオカミなどがこのＥＭＡの代表でしょう。

スペシャル巻末のＥＡ（Extinct Animalsの略）とは、絶滅したことが絶対にまちがいなく、生存説を主張する人も、噂をする者もないという動物たちです。いえ、いえ、

〝滅びゆく動物たち〟じゃありません。〝滅びきってしまった動物たち〟です。こうした動物たちは、オオツノジカやナウマンゾウのように、その動物自体がおもしろいものと、ホラアナグマ、ドードーのように、その動物と過去の人類との交渉がおもしろいものとがあります。

前作『ＵＭＡ解体新書』に負けないばかりか、その後を拡げ、その外に出ようとするおもしろさが、きっとあると思います。前作同様ご愛読を願う次第でございます。

深夜、ゴイサギの鳴き渡るを聞きつつ

著者

装丁、本文デザイン…………野村 浩（N／T WORKS）
カバー／UMA標本模型……ときわたけし

未確認動物 UMA

Unidentified Mysterious Animals

UMA＝Unidentified Mysterious Animals（未確認動物）とは、未だ学術的に存在が確認されていない生物。湖に、海に、大空に、密林に、21世紀となった今でも、不思議で驚異的なその存在の目撃談は後を断たない。

ムビエル・ムビエル・ムビエル

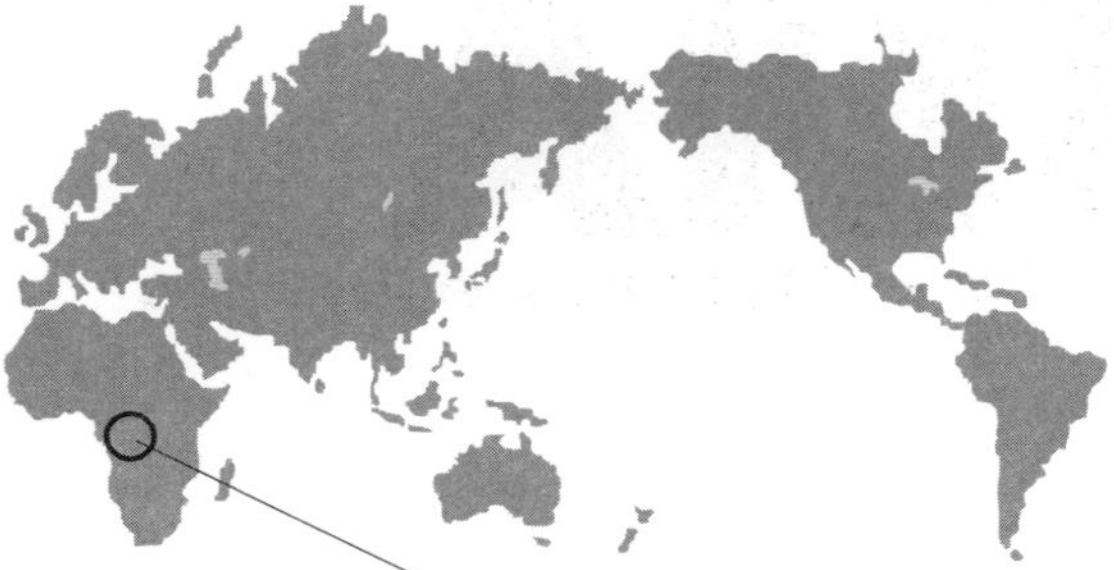

●出没地
コンゴー（ブニラ村一帯）
●タイプ
剣龍型
●大きさ
推定5〜9メートル

UMA
EMA

ムビエル・ムビエル・ムビエルの想定

米シカゴ大学のロイ・P・マッカル博士は一九八一年、アフリカ、コンゴーのテレ湖に住むUMA、モケーレ・ムベンベの調査をしました。ムビエル・ムビエル・ムビエルはこの時、マッカル博士の集めた現地情報のなかにあったものです。

マッカル博士はその地方に住むあらゆるアフリカ人にUMA情報を求め、話を聞いたわけですが、そのなかの一人、オデット・ジェソンジェという女性が、マッカル博士の持っていた化石動物図鑑のうち、ものもあろうにステゴサウルスの図を指差して、「ムビエル・ムビエル・ムビエルに似ている」とほのめかしました。「何？　何？」とよく問い糺《ただ》してみると、ジェソンジェはムビエル・ムビエル・ムビエルを自分の目で見たわけではなく、父母や祖父母に聞いた話を伝えただけでした。それでも、ムビエル・ムビエル・ムビエルの評判が、リクアラ・オーゼルグ川から百キロ南にある、ブニラ村の一帯に広がっていることは突き止められました。それは背中にステゴサウルスのような骨板が並んでいるというのですが、それはどこにいるのか、誰が見たのか、いつのことか、という点になるとごくあいまいで、マッカル博士の一行は、いっこう尻尾が掴めないのでじりじりするばかりでした。

何しろムビエル・ムビエル・ムビエルというのは、陸上ではめったに見られないというのです。その背中と骨板には緑色の水藻《みずも》がびっしりくっついているといいます。ごくまれに見られる時も、多くは水上に背中を出しただけで湖底を歩いている時なので、水藻《みずも》のからみついている背板《はいばん》の列しか見えません。だから頭だの首だの、胴体、尾などの大部分は見届けた人がない、というのです。

これではなんとも仕方がないから、マッカル博士はムビエル・ムビエル・ムビエルが果たしてステゴサウルスの生き残りであるかどうかを論じることは出来ず、「とりあえずステゴサウルス説を検討しよう」といって、不本意ながらそのことに取りかかります。

ですが、ステゴサウルスは体が小山のように盛り上がった恐龍です。前足が後ろ足よりずっと小さいところから見て、近年は、しょっちゅう、ヌーッと立ち上がっては、高いところにある植物の葉、果実などを食べていたのであろうといわれていますが、それにしても、四つ足で地上、湖底を歩く時は、背中が半円形に盛り上がったはずです。それなのに、証言にはそれを裏書するものがありません。次に、もちろんこれはマッカル博士も指摘していることですが、「ステゴサウルスは完全に陸上生活者」として古生物学の各書に示されています。それが水生、または半水生だったとは考えにくいという点です。ムビエル・ムビエル・ムビエルは背中――骨板（背板《はいばん》）の列――それに緑の藻がくっついているところ――しか水上に出さないのです。そのほかは、ほとんど見た人がいないと証言されています。してみれば、少なくとも半水生です。背中も丸く盛り上がっていず、水平もしくはなだらかな丘に近い形に見えたものと思われます。

そうなると、ここからマッカル博士の評論を脱して、ムビエル・ムビエル・ムビエルとは何か、自分で踏み込んで行かねばなりません。幸いマッカル博士の残したムビエル・ムビエル・ムビエルの想像図ならあります。それは予想通り背中がそんなに高く盛り上がってはいません。その背線《はいせん》に沿って、二列の骨板が互い違いに並んでいるのですが、それもステゴサウルスよりは小さい。ステゴサウルスの大きさから推測して五〜九メートルといったところでしょうか。あまり見せつけがましくはありません。

剣龍類（ステゴサウルスの仲間）のなかでは、ぐっと小ぶりのケントロサウルスぐらいに見えますが、ケントロサウルスの背上の骨板は剣状のものが多く、ステゴサウルスよりもっと物騒で、「いつでも来い！」といっているようです。そのことはムビエル・ムビエル・ムビエルとは違い、ムビエル・ムビエル・ムビエルのほうがおとなしそうです（いったい、なんだっていちいち三回ずつ名前を繰り返すのでしょう？　私が思うには、古代アフリカには、特に強烈に印象的な相手の名を、三回繰り返して呼ぶ風習があったのではないかということです。ミカ・ワルタリ著の『エジプト人』という小説に、男たちを破滅させる妖艶なネフェルという娼妓を、ネフェルネフェルネフェルと三回呼ぶのが通称になっているという用例があります)。

背中に骨板の列が、ズラリと並んでいる恐龍は、ステゴサウルスやケントロサウルスのような剣龍類のほかにもあります。しかし思ったほどたくさんはありません。最も怪異な形態をした恐龍として、ステゴサウルスがあんまり有名なので、似たような骨板の列を持った恐龍が、ほかにもいくらでもあるような気がするだけです。

私の見つけた、骨板の列を背負った恐龍はスクテロサウルスでした。スクテロサウルスはティラノサウルスを代表とする獣脚類でも、アパトサウルス（ブロントサウルス）を代表とする龍脚類でもありません。鳥盤目《ちょうばんもく》ファブロサウルス科というところに分類され、いくらかはステゴサウルスに近いのですが、別のグループでした。

鳥盤目《ちょうばんもく》はその骨盤が鳥類に似ているので、そう名づけられたのですが、そのなかの鳥脚類というのは、化石になって残っている足跡まで鳥にそっくりです。ファブロサウルス科はその鳥脚類に属し、ジュラ紀の初期に生存していました。一九八〇年を越えてから古生物学界の長老ともいうべきエドウィン・H・コルバート教授によって、米アリゾナ州の地層から発

スクテロサウルス

見されました。スクテロサウルスは背中一面に楕円形のコブコブが配列されて、「装甲《アーモア》」になっています。そのコブの列は十六列あって、体の下へゆくほど少なく、背筋に近づくほど多いのです。またこの装甲《アーモア》用のコブの列は腰には及んでいません。そして、背筋に沿って、それらよりも著しい突起物がズラリと並んでいるのです。

その突起物はスクテロサウルスの項《うなじ》からはじまり、項《うなじ》に近い部分は背中の楕円形のコブコブと同じ大きさですが、背中の上にゆくに従って大きくなり、先が尖りはじめ、背中から腰へかけては、巨大なノコギリのように鋭くなっています。その鋭くなりはじめのところは腰で、腰に装甲《アーモア》用コブがなくなったところからはじまっています。以後、巨大ノコギリのトゲは後ろへ倒れ、小さくなり、先も丸くなって、長い尻尾の上に、末端まで、ズーッと続いています。この尻尾が大変長いことも、スクテロサウルスの特徴です。

スクテロサウルスはシダやソテツのような硬《かた》い植物の葉を常食としていました。前足が後ろ足より華奢なので、ときどきは、立って後ろ足で歩いたでしょうが、たいてい四つ足で早くも遅くもないスピードで進んだと考えられます。スクテロサウルスに縁の近いレソトサウルスは後ろ足だけで走って、敵から逃れたらしい。大型でヘテロドントサウルス科を代表するヘテロドントサウルスも、走って逃れたでしょうが、いざとなれば、踏みとどまって、鋭く発達した犬歯で〝攻撃的防衛〟を試みたとされます。

スクテロサウルスはこの両者の中間で、肉食恐龍が来たら、うずくまってコブコブと大ノコギリの列で〝消極的防衛〟をしたといいます。いうなればカメとか、アルマジロの作戦です。スクテロサウルスの装甲《アーモア》は、このため充分に役立つと思われます。もしムビエル・ムビエル・ムビエルがスクテロサウルスだとしたら、その防護作戦は今でも使えるでしょう。骨板が、ステゴサウルスほど大きくなくてもよいのです。ムビエル・ムビエル・ムビエルの大きさは、はっきり書いていないのですが、スクテロサウルスの化石は、二メートルにも満たないもので、この大きさという点ではムビエル・ムビエル・ムビエルの正体として強くは推せません。

ジュラ紀からのちの長い長い進化のうちに、「躯体大化《くたいたいか》の法則」が働いて、スクテロサウルスも体が大きくなったのであろう、と推理しておきます。「躯体大化《くたいたいか》の法則」というのは、ある動物が進化するにつれて、次第に体が大きくなることです。ウマなどに典型的に見られます。ウマの化石は五つの段階に分けて、ズラッと隙間なく並べることが出来るほど、たくさん得られているのですが、それを古いものから新しいものへと並べてみれば、ずんずん体が大きくなり、足が長くなってゆくのが一目でわかります。何しろ始新世のヒラコテリウムはテリアほどしかなかったのに、更新世のエクウスは今の競争馬とほとんど変わりがない大きさに達しているのです。これはウシ類やシカ類にもいえることで、そこで法則が立てられたのです。ずんずん体が大きくなると、威嚇効果が増し、体力が加わり、保温や食量においても効率がよくなる、など有利な点が多くなるのです。恐龍は爬虫類ですが温血性、あるいは不完全温血だったとしますと、同じ法則が働きます。スクテロサウルスも、もしジュラ紀以後も進化を続けたとすれば、ヒプシロフォドン科のテノントサウルスのように、六メートル以上の大きさにもなっただろうし、その後も「躯体大化《くたいたいか》」を続けたかも知れません。

近年、スクテロサウルスは夏眠《かみん》をした、そして、その間に歯が生えかわったという主張があります。それは一九七八年にトニー・タルボーン博士が主張した説で、スクテロサウルスを含むファブロサウルス類と、それより二足歩行的であったヘテロドントサウルス類は夏眠《かみん》によって乾季《かんき》の食物不足を凌《しの》いでいました。あるファブロサウルス類の恐龍が、すり減って、抜け落ちた歯と、鋭くてすり減っていず、生えて来たばかりらしい歯を、両方持っていた例があります。タルボーン博士はこれを「夏眠《かみん》中に死んでしまったのだ」としました。次に博士はヘテロドントサウルス類の恐龍たちは、硬い植物を咬みこなし、すりつぶすための頬歯《きょうし》や、その食物を咀嚼している間に、口からこぼしたりしないための、肉質の頬《ほお》を持っていることに注目しました。その頬歯《きょうし》は揃って、すり減っていました。これが生えかわらなければ、ついにはものが咬めなくなって死んでしまうのです。

そこで博士は、「彼らが乾季《かんき》を切り抜けるためには夏眠《かみん》する、その間に歯が生えかわるのだ」という巧妙で、説得力のある主張をしたわけです。ですが、歯の生えかわりは個体が年老いて来ると遅くなります。かつヘテロドントサウルス類もファブロサウルス類も頬《ほお》と頬歯《きょうし》を使ったそんな高級な（?）咀嚼の仕方はしません。ただ顎《あご》を上下させてサクサクと植物を咬むだけだとして、異論をとなえる学者もあります。

しかしシーズン毎に夏眠《かみん》をするということは、それをしない恐竜たちより生き延びる可能性が高いのです。夏眠《かみん》をしないと、乾季《かんき》のたびに体力が衰え、それに耐えねばならないでしょうから。また、その休んでいる間に歯が生えかわるというのは実にうまい方法です。休んでいる間に肉食恐竜に殺されたら元も子もないじゃないか、という欠点はありますがね。夏《か》眠《みん》せずに動きまわっているほかの恐竜よりは、肉食恐竜に見つかる可能性は減るわけですし、夏眠《かみん》と生えかわりが無事に進行すれば、それをやらない恐竜たちよりも、個体の寿命も種族の寿命も延びたのではないでしょうか？　これはスクテロサウルスの生存説にプラスするかも知れません。

ミューズ島沖の怪物

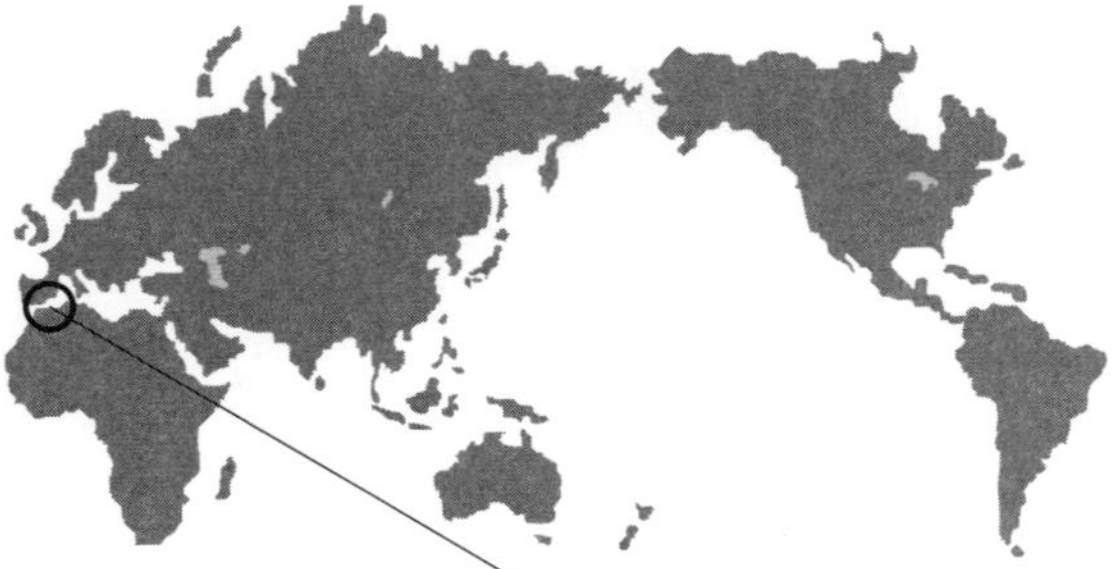

●出没地
アルジェリア（オラン港から沖、ミューズ島附近）
●タイプ
魚龍型（牙を持つ）
●大きさ
13メートル50センチ

UMA EMA

〃牙の生えた魚龍!?〃——ミューズ島沖の怪物

一九四八年、夏。地中海に望むアフリカ、アルジェリアの港オラン。二隻の漁船に乗ってオランから二時間ほどかかるミューズ島附近で、漁をしていたアルジェリア人が怪物に襲われるという事件がありました。魚を捕るのに熱中していたので、ついその接近に気がつかなかったらしいのですが、ほとんどクジラかと思うほど大きく、口の左右からゾウのような牙が生えている怪物が、波間に頭部をあらわして、船に激突しました。牙のために船に穴を開けられ、アルジェリア人たちは怪物がいったん退《ひ》いた時、命からがら、もう一隻の船に乗り移り、無我夢中で逃げて来た——というのが、その顚末です。

このニュースはミューズ島にもオランにも野火のように広がって、アルジェ駐在武官ファリツノ中佐の耳にも聞こえました。中佐は仰天し、眉をひそめ、考え込んだ末、この一件を解明することを、オラン海軍諜報部に所属する潜水部隊に依頼します。潜水隊は訓練場所をオランからミューズ島に移して、この依頼に応じます。一カ月が経過しましたが、例の怪物は姿を見せず、漁船で仕事をしているアルジェリア人からも、また襲われた、というような知らせはありませんでした。

中佐がこの怪物事件に眉をひそめ、本気になって潜水隊に調査を頼んだのは、実は、ファリツノ中佐自身が、そいつに接触したことがあるからでした。中佐は武官としての責任から、むやみなことをしゃべりちらすのはよくないと判断して、丸一週間も口をつぐんでいたのです。中佐自身の経験というのは以下のようなものでした。

——一週間前のその日、中佐はヨットに娘とともに乗り込み、アルジェリア人の水夫に運転させて、オランから釣りに出かけた。途中で、

「そうだ。娘はまだミューズ島へ行ったことがない。一つそこへ連れて行ってやろう」と思い立ち、水夫に舵を転じさせた。ミューズ島は胸が風船のように真っ赤に膨らむグンカンドリ（フリゲート・バード）の巣が多くあるところで、景色も素晴らしかったからである。

その島に近づいた頃、ヨットの右舷五十メートルのところで、水夫でさえクジラだと思ったものが、海水を盛り上げて近づいて来た。

「やっ、クジラだ」「まあすてき！」などと父子がいい合っているうちに、そのものはぐーっと水上に頭をもたげた。すると、なんと、その頭はサメのように尖り、口の左右からはゾウよりも大きい、真っ直ぐな牙が突き出していた！　娘は父にしがみついたが、中佐は水夫に退却だと命じながら、その怪物がなんであるか、見定めようとした。が、そのものは行き

グンカンドリ

すぎて水面下に没した。ヨットはフルスピードで島に向かった。怪物は再び波を蹴り立てるようにして追撃して来る様子であったが、追いつくことは出来ず、飛沫《しぶき》を上げて長大な双牙《そうが》を奮いながら（その有様は、まるで巨象が海中で暴れ狂っているようであったという）、海中に沈んで、ヨットが島に着いても、もう姿はあらわさなかった——。

　そのような経験があり、アルジェリア人の漁師たちが攻撃されたことを知ったので、中佐はそんな危険な動物を泳がせておけず、潜水隊に調査を依頼したというわけでした。

　潜水兵たちは熱心にその依頼にむくいようとしましたが当分、その怪物に遭遇出来ず、一カ月が経過します。島の船着き場の海底に沈んでいるコンクリートと鉄棒の障碍物《しょうがいぶつ》の除去訓練が行なわれた時、やっとそいつは姿を見せました。

　——それは障碍物《しょうがいぶつ》を一人の伍長と二人の部下が水中爆雷《ばくらい》で粉砕しようとしている、その頭上にユラーッと泳いでいるのが見えた、というきわどい場面。それは大きなサメのような怪魚、と伍長の目には見えた。まさしく口からは真っ白い牙が一対、伸びていた。伍長と二人の水兵は、爆発が起こらないうちに、しかも怪物に気づかれないように、海底を移動し、退避するという、すさまじい緊迫感を経験しながら遠のいた。

　ズシューン！　という衝撃が水圧を破って、爆発が起こったことがわかった。三人の潜水兵が海面から首を出した時、怪物は三人の乗って来た母船に向かって襲いかかって来た！

漁船と違ってこちらは軍艦だ。牙を突き立てられたり激突されたりするまで、グズグズしていない。銃火が閃き、銛《もり》は打たれ、十分後、怪物はとうとう瀕死の体となって、ロープでオラン港まで曳かれた――。

上げてみると、全長十三メートル五十センチ、ひれが発達してクジラのようでもあるが、サメのように頭が円錐型に尖っている、全身は黒くなめらかで鱗はない、そして一対の白い牙という、前代未聞の怪動物でありました。さあ、いったいこれはなんなのだろうということで、関係者及び呼ばれた海洋学者などの間で議論が沸き起こりました。頭の形からして、クジラ類だとするとシャチかゴンドウクジラのようでしたが、長い牙を口の外へ突き出したシャチだのゴンドウクジラはいません。イッカククジラなら口ではなく上顎《じょうがく》の先端から、一本だけの牙が生えているのです。

もっとも、イッカククジラにも、例外的に一本だけでなく二本の牙が（オスの上顎《じょうがく》の先端の左の一本、それが左右とも）伸びている個体もあります。長さも二メートル八十センチには達します。その上、もし、もっと体が巨大ならば、イッカククジラにもミューズ島沖の怪物の正体がつとまるのですがね。イッカククジラは三メートル六十センチ、最大の個体でも五メートルしかありません。ミューズ島沖の怪物の半分もないので、それが困ります。まして産地は北氷洋の沿岸で、地中海までとうてい来そうにもありません。

一つだけ惜しいのは、この怪物はアルジェリア人の漁師が漁をしていた時、その船に穴を開けたと伝わっていることです。こんなことが出来るのは、実は剣魚《ソードフィッシュ》と呼ばれているカジキくらいのものなのです。もし、イッカククジラなら、牙が一本でも可能かも知れません。むしろ口の左右に一本ずつ、二本揃っているほうが、穴を開けにくいでしょう。で、もし一方の牙で突き抜いたとすると、可能性はあります。この点だけは、イッカククジラでも及第です。

もし爬虫類だとすればジュラ紀の魚龍《ぎょりゅう》、イクチオサウルスの一種ではないかという説も出ました。鱗がなく魚のような形をしている、その点はよろしい。大きさがイクチオサウルスの平均では二メートル十センチですから、この怪物は大きすぎます。しかし、イクチオサウルスのなかで最大のレプトプテリギウスという奴は十三メートルもあったというから、まずその点もパスとしましょう。ですが動かせないのはこの怪物の長い牙です。イクチオサウルスは大きな鋭い歯がたくさんあります。二百本も生やしている個体もありました。しかし、口の左右に特別長いのを二本も生やしているイクチオサウルスはいません。

それ以外に、大きな牙が口の左右に出ている化石動物もいますけれども、海に住んでいるものはいません。そこで、やっぱり哺乳類であろうか、クジラ類ではないとすると何か？あとは候補者は一種しかないのです。あいつです。北極海のセイウチです。象牙の代わりが

イクチオサウルス

立派につとまる一対の牙、海象《ウォーラス》と呼ばれるのにふさわしい巨体。そこまではいいのですが、セイウチはヨーロッパに分布していません。グリーンランドまでです。南方へ下って来たにしても、ベーリング海やハドソン湾までです。地中海へは一匹も寄りつきません。

その上、巨体といっても肥っていて短いので、オスの老獣で体長三メートル八十センチばかり。とても、十三メートルもあるミューズ島沖の怪物とは比較になりません。色も灰褐色で黒くはなく、万一、一頭だけ地中海へ迷い込んで来ても、漁船に襲いかかるような積極的攻撃性はないのです。セイウチが牙を引っかけて舟を引っくり返したという話は、必ず自分が狩られ、生命が危なかったからなのです。

それでもなお、この怪物に対しては、イッカククジラでなければセイウチ以外の正体候補者を思いつくことが出来ません。体の細長い、クジラと間違えるような地中海セイウチというものがあったのでしょうか？　あったとしても恐龍生存説よりは可能性のあるほうなのですが、そういってもなおためらう、というのが本当のところです。

ラウ

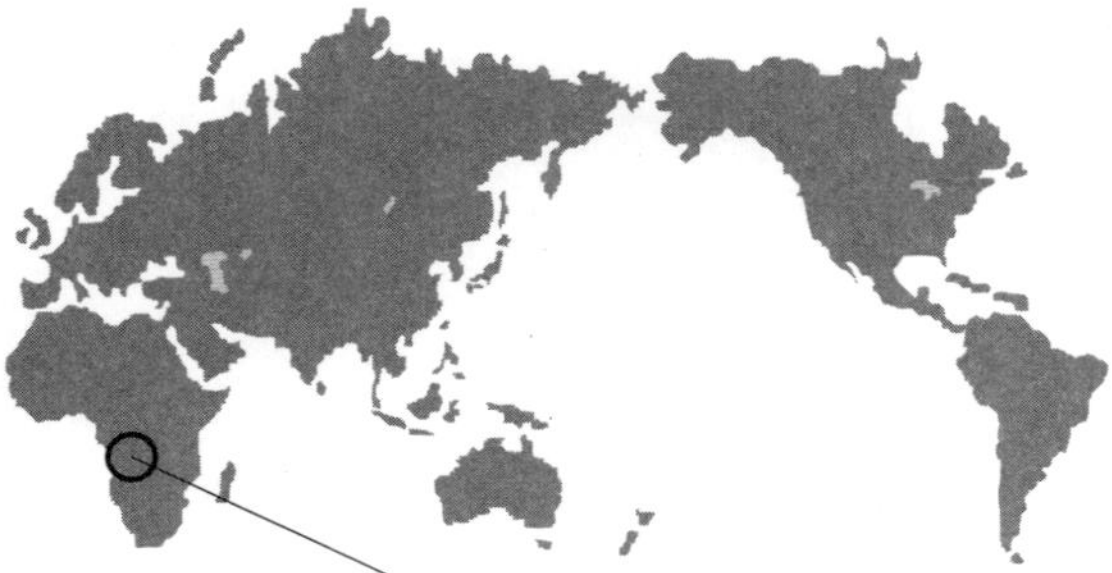

●出没地
コンゴー(アルウィミ川、ナイル川上流など)

●タイプ
大蛇型

●大きさ
約12〜30メートル

UMA
EMA

ラウは、新種のロック・パイソン？

未知の動物研究の泰斗、ベルナール・ユーヴェルマンスの著書のなかに、こんな記述があります。

——コンゴー共和国がベルギーの植民地であった一九一二年のはじめに、士官C・ゴダードはベンゲというところにキャンプしていた。それはオカピの生息地として名高いイトゥリの森に近いところにあった。その日、地震があって、ゴダードやアフリカ人の兵士たちがテントから逃げ出したり、木に掴まったりした。すると、近くを流れるアルウィミ川のほうから一人の兵士が、地震ではなく、何者かに追われるように走り出して来た。ゴダードのそばまで来ると、兵士は止まって、ふり返って、川のほうへ銃を向けた。

数秒のうちに大地の震動は納まったが、兵士はそれをも意識しないかのように、銃を下ろして、「水のなかへ逃げやがった……」とつぶやいている。

ゴダードは聞いた。

「いったい何があったんだ？」

「ニャーマだ！　そいつが川のなかから出て来ると地震が起こるんだ。撃ってしまわないと、もっと危険が大きくなるので狙ったんだが……」

追って来るのをやめて川へ帰ってしまったらしい、とアフリカ兵はいうのであった。

「いったいそいつはどんな奴なんだ？」

「ニャーマか、そいつはでっかくて、カバのようなんだが、カバより小さい。クジャクの冠羽《かんむりばね》みたいな毛を頭に生やしていてね」

ゴダードは続けて尋ねた。

「危険な奴なのかい？」

「もちろんさ。人を襲って、その頭を咬み破って、脳髄を食うのだ。しかし体は食わずに、置きっ放しにしてゆく」――。

このように語られたニャーマというのが、ナイルの上流地帯に大変広く知られているラウのことらしいのです。ラウもニャーマも単に発音の違いで、生息区域も広く、何頭いるかもわかりません。ヨーロッパの雑誌に、「ラウの頭部の彫刻」が紹介されたこともあります。W・ハイシェスという軍人が、ナイルの湿地帯を旅行した際に、現地の彫刻師がつくったものを手に入れたというのです。

一九二三年に、ホワイト・ナイル（ナイル河の上流地方）の水源地を探険したジャクスンという人は、ラウについて、ニューア族のアフリカ人から聞き込みました。それによると、ラウは巨大で、カンムリヅルに似た冠羽《かんむりばね》がある、体は長く、長い毛が生え、湿地に住み、獲物を捕らえて水中に引きずり込む――とあります。その他に、雨期になると時折、ラウがゾウのように腹をゴロゴロ鳴らすのが、聞こえる――という証言もあり、なかなか迫真的です。本当のゾウの腹がゴロゴロいうのが聞こえたんじゃないのか、というと、そのアフリカ人は烈しく否定したそうです。

ラウは川や沼の岸に穴をうがって住む、ともいえば、ラウを見た人は多いが、ラウに気づかれずに逃げたからよかったのだ。もし気づかれたら、見たということを人に伝えることは出来ない。間違いなく、死だ、とも彼らは語りました。

これらの材料から勘案《かんあん》しますと、ラウは大きなヘビだとは思えないのですが、大蛇だ、と考える人が多い。ジャクスン氏のあとで、さらにラウを欲してナイルの上流地方を歩きまわったJ・ミレーズというイギリスの博物学者は、やや大蛇らしい描写をしています。

「ラウはその地方に住む者が、一生に一度見るか、見ないかというくらい稀《まれ》な動物で、十二メートルから、大きいのは三十メートルもある。胴体はウマほど、体は褐色または暗黄色だ。頭には太く大きな触毛《しょくもう》のような毛を持っている。その死体を見たという人もいる」

ミレーズはこれらのことを博物館に報告しました。ただしミレーズに「これがラウの頚《けい》

UMA
EMA

骨《こつ》だ」というものを見せたアフリカ人もありましたが、それはイワニシキヘビ（ロック・パイソン、アフリカニシキヘビ）の骨だったそうです。

　イワニシキヘビなら、私もテレビ番組の仕事で東アフリカに行った時、見たことがあります。サヴァンナの一方に、斜面になって、岩が続いているところがあり、ニシキヘビはその岩の上へ、這い上がろうとしていました。なるほど〝岩《ロック》〟パイソンだと私は思いました。斑紋が、巧みな保護色になっており、長さは、五メートル近かったでしょう。最大では、七メートル半の個体も記録されています。これ以外に、アフリカには、名の通ったニシキヘビはいないのですが、ラウはそれ以外にも長大な新種がいるということなのでしょうか？

「ナイル河の広大な沼沢地は、実に奇妙な動物、ラウのテリトリーでもある。体長が十二メートルもあるラウは、黄色か茶色をしており、獲物を捕らえる触手を持っているそうだ。尾には、硬いコブのようなものがあるらしい。肢《あし》はない。沼沢地の住民は、何度かラウの死体を発見したことがあるという。……まず、フランスよりも大きくて、調査の困難なナイル川沼沢地の広大さを、よく理解しなければならない」

　これは未知動物学の貢献者ジャン・ジャック・バルロア博士の意見です。ラウが大蛇なら、むろん肢《あし》はないでしょうが、獲物を捕らえる触手とは何か？　これがクジャクやカンムリヅルの冠羽《かんむりばね》にたとえられたラウの〝頭飾り〟に違いありません。でも頭に触手や触毛を生やし

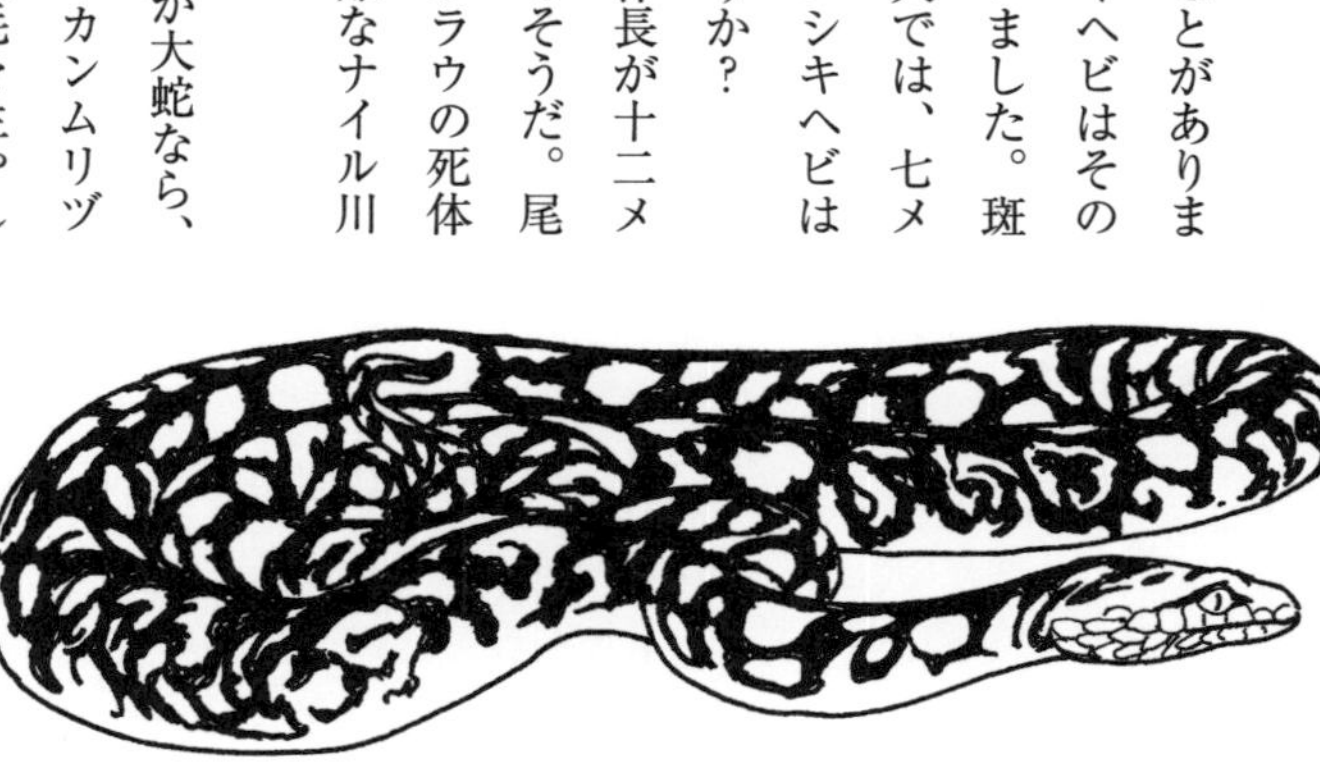

アフリカニシキヘビ

ているヘビというものはありません。かろうじて、ツノマムシという毒蛇が、頭に小さな角状の突起物を持っているだけです。触角や触手というのは感覚器官であることが普通です。

イカ、タコの足も触手ということがありますが、彼らは体の下にそれを持っています。頭の上に生やしているのではありません。頭の上にある毛や髭状《ひげじょう》のものは、必ず空気をさぐり、嗅覚をつかさどったりするものです。獲物を捕らえるためにある頭の上の触手なんてありません。頭の上に生えている器官を使って、もし獲物を捕らえることが出来たとして、さてそれからどうするのです。どうやって口へ運ぶのでしょう。それくらいなら普通のヘビのように、口だけでパクリと食いついたらいいではないか？

バルロア博士は別のところで、「ラウはおそらく巨大な魚だろうし、ルクワタもそうだろう」といっています。バルロア博士は一方でグレイト・シー・サーペントの変形ともいうべき〝海の怪龍〟の図がフランスのディエップ海洋博物館にあることや、「ナイル川の葦《あし》に捕らえられた二頭の龍《ドラゴン》」についての、文豪ヴィクトル・ユーゴーの著書まで引用しながら、ラウを龍《ドラゴン》だヘビだ、というのをためらっているのです。

また、ルクワタというのは一九〇二年、オカピの発見者として有名なハーリー・ジョンストンが紹介した、アフリカにあるヴィクトリア・ニアンザ湖の怪物です。大亀のようでも、怪魚のようでもあり、攻撃的で恐るべきもので、頭は角ばっているとも、丸っこいとも両方いわれています。一九六一年には、Ｔ・Ｅ・コックス夫婦が、湖畔で葦《あし》の茂みから、湖のほうへ這ってゆく大蛇のような姿を見たそうです。

ネス湖現象の非常に熱心な研究家ティム・ディンスデイル氏は、このヴィクトリア・ニアンザ湖のラウに言及し、「体長百フィート（約三十メートル）、二本の触角《テンタクル》を具えたヘビ型の頭、長い首、コブのある胴体、色は褐色で、腹部へ下がるに連れてその色は薄くなる」と伝えています。ディンスデイルもこの大湖のまわりの広大な地方の地理的な研究が不充分であることを嘆いていますが、自分の専門→ネッシーとの比較においてだけ、ラウについても考えているので、ラウが大蛇かどうかは口にしていません。毛だの触角だの、人を殺して脳髄を食うだのと、大蛇のイメージに合わない要素がいくつもくっついていますが、私の印象ではラウはやはり大蛇だと思います。

毛だの触角だのはＵＭＡや「伝説の動物」によくある附属物で、イギリスのファルマス湾の首の長い怪物モーゴウルには二本の触角があるといいます。一目見ると（あるいは見られると）死ぬというヨーロッパ中世紀の怪蛇バシリスクは頭に小さな王冠をかぶっていると伝えられます。そんなふうですから証人の誇張だと考えていいでしょう。ミレーズに「ラウの骨だ」として示されたものがロック・パイソンの骨だったことや、バルロア博士の説明に「肢はない」とされていること、そして巨大なことから、私は大蛇だという印象を受けたのです。

ガコウラ・ンゴー

UMA

EMA

●出没地
コンゴー（ブラウコウコウ川など）

●タイプ
アパトサウルス型

●大きさ
カバを踏み殺せるほど（推定体長15メートル前後）

ガゴウラ・ンゴーは龍脚類《りゅうきゃくるい》の恐龍か？

現在のガボン、コンゴー、中央アフリカを昔は「フランス領赤道アフリカ」と呼んでいました。そのように呼ばれた植民地であった頃から、あるいはそれ以前から、この国々にはガコウラ・ンゴーというUMAの噂が絶えませんでした。

その一例――一八九〇年頃、ウバンギのアフリカ人部族、バヤ族の一人マウッサという若者が、父と二人で、ある渓谷の、ロロという木の葉をバリバリと食っているガコウラ・ンゴーを見つけた。平たい頭と、キリンよりはるかに長い首を、その動物は持っていた。口はニシキヘビより大きく開いていた。そのロロという木や、下生えにさえぎられていたため、後ろ半身は見えなかった。マウッサのおやじはその怪動物を知っているらしく、

「あれは恐ろしい奴だから逃げんといかん！」といい、父子で一目散に逃げて帰った――。

この目撃例では父子はその後をまったく見届けていないのですが、ガコウラ・ンゴーのあらわれたあとには、一～一メートル半も幅のある、うねくって移動した跡がつくということでした。そのような、行ってしまった跡を見つけたアフリカ人は少なくないのですが、妙に

全体を見た人がいません。見た場合でもマウッサ父子のように、首だけ見たという例が多いのです。見ないで話だけ聞いた人は、そのうねくれた幅広い曲線のあとに、足のある後ろ半身がついていたのじゃないかと疑います。たぶん、ナイル河の流域の沼沢地に住んでいる大ニシキヘビだというラウの話と混同しているのではないか？　または、ラウのような大蛇タイプのものと、後ろ半身に足のあるガコウラ・ンゴーと二種あるのかも知れない、という人もいました。

もう一つの例は一九二八年頃。同じく「フランス領赤道アフリカ」を流れるブラウコウコウ川の近くに、マポウカという酋長がいました。マポウカはその地区のフランス人猟政官に、ガコウラ・ンゴーが一頭あらわれて、カバを殺していった――と報告しました。殺されてその川の岸に倒れているカバから、ゆうゆうと遠ざかってゆくガコウラ・ンゴーを見たということのようです。

このほかにもガコウラ・ンゴーはカバの敵であるようで、カバを殺すということが、その「生態習性上の特徴の一つ」といってもいいくらいです。しばしば水中でも目撃されているが、大きな川や深い沼でも、全身が出ないくらい、でかぶつらしいのです。そして食性は草食。地方により、バディグイとも呼ばれています。有名な「テレ湖のモケーレ・ムベンベ」に、よく似たところもあります。ガコウラ・ンゴーの情報は少なく、このようにまとめられます。
例の一メートル以上も幅のある〝移動の跡〟も、ラウのものかも知れません。水上にヌーッと首を出してじっとしている大蛇などというものはいません。さらに、バリバリと木の葉や草を食べるヘビなどというものもいません。ギリシャ神話には、むやみに飛び出して、襲いかかって、いっぺんに何人もの人を殺す大蛇というのが語られていますが、何人もの人を巻きついて殺せるものではありません。毒の牙で咬んで殺したとも神話では語っていません。いくら大きなヘビでも、神話ですらそんなことは無理だと思われるのに、ガコウラ・ンゴーはカバを殺すといいます。どれくらいばかでっかいニシキヘビか知りませんが、カバを咬み殺せますか？　巻きついてしめ殺せると思いますか？

私はどう見てもガコウラ・ンゴーは大蛇ではない、足があったと考えます。水中から首を出したり、渓谷で木の葉を食べていたり、モケーレ・ムベンベに似ているというところから考えても、アパトサウルス（ブロントサウルス）やブラキオサウルスやネグメトサウルス、アンタークトサウルス、ディプロドクスなどを擁《よう》する龍脚類《りゅうきゃくるい》恐龍でしょう。

一九七六年、ガボンの奥地にある湖に住んでいるンヤマラについて、アメリカの爬虫類学者ジェームス・バウエルが踏査し、ディプロドクスによく似ていると結論を出したことがあります。そしてモケーレ・ムベンベ研究で名を知られたロイ・マッカル博士は、「モケーレ・

ムベンベとンヤマラ、そしてバディグイは互いによく似ている、亜種《サブスペシー》同士かも知れない」といっています。

そこで、昔、「フランス領赤道アフリカ」と呼ばれたこの国々は、長大な首と尾、巨象のような足を持った大恐龍たちの残存地域ではないかという空想が浮かんできます。

それにしても、アパトサウルスのたぐいはみな草食者《プラントイーター》ではないか？　現にガコウラ・ンゴー（バディグイ）は植物の葉を食っているところをいつも目撃されているではないか？　そのようなおとなしい草食恐龍にカバが殺せるのか？　という疑問が起こるでしょう。この疑問には、龍脚類《りゅうきゃくるい》は体こそ巨大だが武器もなく、ティラノサウルス、アロサウルス、ゴルゴサウルスなどの肉食恐龍に襲われていた被害者だという前提があるのです。

最近の古生物学はその点を次々に究明しました。龍脚類《りゅうきゃくるい》の巨大恐龍たちは、以前考えられていたように、ティラノサウルスたちを恐れて水のなかに逃げてばかりいたのではありません。第一この攻撃龍たちも、後ろ足の構造からすると、立派に泳げたのです。深く広い河や湖に飛び込んだって逃げられないし、首だけ出していたって狙われたのです。それに、ブラキオサウルスのように最大級の龍脚類《りゅうきゃくるい》で〝水から首ばかり出している専門〟みたいに、想像図に描かれていたものでも、その背の高さだけある水の深さでは、その肺が水圧に耐えられなかったことがわかりました。

そこでアパトサウルス、ブラキオサウルスたちは、その後につくられた恐龍映画を観ればわかるように、陸上生活で、ゾウのような生態であったということになりました。それを証明する足跡化石も見つかっています。その、群れで歩いていた、ということが、さっきの疑問に対する第一の答えです。捕食者《プレディター》というものは、群れをなしている草食動物には手が出せないのです。

でも、もし一頭でいるところを狙われたり、ゴルゴサウルスやセラトサウルスのほうも何頭かでかかって来て、群れから切り放されたらどうするか？　アパトサウルスやディプロドクスは、あの細長いディプロドクスでさえも、いつだって後ろ足で立てたのです。立ち上がって、前足で戦ったのです。ほとんどの龍脚類《りゅうきゃくるい》の前足には、一本だけ離れて、鋭く尖って、やや曲がった指の爪が、突き出しているのです。これが肉食恐龍に対抗する武器でした。彼らはこれを防衛用の武器として使い、突き放したり、踏みつけたりして戦ったのです。

カバは、巨大な口と牙を持っていますけれども、大きさからいったら龍脚類《りゅうきゃくるい》の恐龍とは比較になりません。ガコウラ・ンゴーがアパトサウルスやネグメトサウルスだとすれば、彼らは立派にカバを突き倒し、踏み殺すことが出来たに違いありません。

UMA

EMA

コビトゾウ

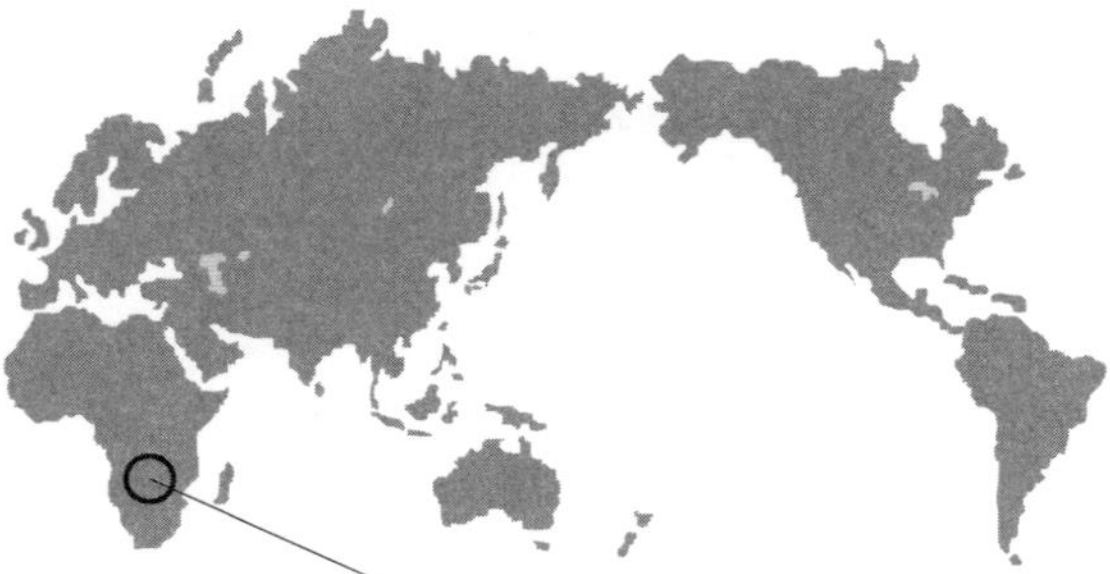

●出没地
ザイールなど

●タイプ
小型ゾウ型

●大きさ
体高1メートル53センチ

UMA

EMA

コビトゾウは日本にもいたのだが……

ゾウの世界に三大ミステリーというのがあります。その一は「ゾウの墓場」、その二は「生きているマンモス」、その三は「謎のコビトゾウ」です。この第三のコビトゾウというものが〝いる〟といわれ出したのは一九〇六年頃からでした。

その年（一九〇六年）は、アフリカにアフリカゾウのほかにマルミミゾウというものがいるということが知られた年でした。マルミミゾウはアフリカゾウよりもインドゾウ（アジアゾウ）よりも小さいのですが、それでも肩の高さが二メートル四十センチ、大きいと二メートル八十センチはあります。そばへ寄ったりテレビで観たりすれば、ちっとも、小さいという気がしません。

それもなかなかアフリカゾウとは別の独立種とは認められず、悶着紛糾《もんちゃくふんきゅう》という有様でした。今はようやく現生する第三のゾウと認められ、最低でもアフリカゾウの特異な亜種《サブスペシー》ほどの扱いは受けています。

そこへゆくと、肩高が一メートル四十センチくらいしかないというコビトゾウは、その実

マルミミゾウ

UMA
EMA

在性さえ認められずにいます。そんなことといったって、こういう例もあり、ああいう証拠もある、といっていくつも列挙することは出来るのですが、学者は、それは「仔ゾウであろう」「発育不良の一個体である」「時たま大きい種の間で生ずる特殊の小さいゾウと考えることが出来る」などといって、容認しようとしません。

見つかったコビトゾウのなかには明らかに老齢のものもあったのです。群れのなかで大切に育てられている仔ゾウが何で発育不良に陥るのでしょうか？　また、「大きな種の間に特殊な小さいゾウ」が生まれたら、それはつまりコビトゾウではないか、と思うのですがね。彼らはその小さな個体が群れをつくり、繁殖し、子孫を残していないと種《スペシー》とはいわないのです。そんなら、ああいえばこういう——コビトゾウが野生で群れをなして住んでいるという情報だってあります。

ともあれコビトゾウの実例というものを挙げてみましょう。

コンゴーがベルギー領であった一九〇九年頃に開設され、今は国立象訓練所となっている、アフリカゾウの飼育場があります。それはベルギー王レオポルド二世が、ぜひとも〝狂暴〟とされているアフリカゾウを馴らそうとして、ラプリウム大尉という人物に命じて、創設したものでした。「ベルギー領コンゴー」のアピ附近にその訓練所はありましたが、何回もゾウが死んだり、成象があくまで反抗するので次々に射殺したり、第一次世界大戦があって危うく廃止のピンチに立ったりしました。レオポルド二世はあくまでこの仕事がお気に召していましたが、その死後、あとを継いだアルベール王はアフリカゾウ訓練所を私有財産をつぎこんでも、続けると宣言します（一九一四年）。

一九二五年、訓練所のあるアピ地方にゾウがいなくなってしまい、ラプリウム大尉の助手オッファーマン中尉に進言して、コンゴーの最北端、スーダンの国境に近いウェレ地方に、ガンガラ・ナ・ボディオ訓練所を移設します。一九三〇年頃に事業は成功し、よく馴致《じゅんち》されたアフリカゾウが数十頭いるようになりましたが、不運にもゾウで農作業や運送をしようという者はいなくなってしまいました。トラクターや耕耘機を使えない人だけが、ときどきゾウをレンタルしに来るほかは、観光客だけになってしまいました。そしてコンゴーは独立し、ガンガラ・ナ・ボディオ訓練所は国立ゾウ訓練所となりました。B・グルツィメック教授が訪れたのはコンゴーの独立より前のことになります。そこを、一九五三年に訪れたフランクフルト動物園長のB・グルツィメック氏が、「かつてこの訓練所に二頭の特別小さなゾウがいた」と証言しています。

「捕獲した当時、そのなかの一頭は一メートル三十センチしかなかったが、すでに牙は七十センチあった。そこから計算すると、その当時すでに十二〜十四歳になっていたはずである。その後十年間に牙は三十センチしか伸びなかった。このゾウは二十五年経ってもやっと一メートル五十センチの背丈《せたけ》になっただけで、それ以上大きくならなかったので、残念ながら売却された」

続けてグルツィメック氏は野生で群生しているコビトゾウについても語っています。

「アサンデ族はコビトゾウがそれ自身一種族で、仏領赤道アフリカの国境近いブタの北方、ラフィア地方に生息していると主張する」と。

「グルツィメック氏の同国人、ドイツのテオドア・ノアック教授は、一九〇六年に西アフリカのガブーン地方で小さなゾウを捕らえた。六歳にはなっていると思われるのだが、肩高は一メートル二十センチしかなく、牙もわずか十二センチしかなかったのだ。この教授の捕らえたゾウから、コビトゾウ論議が巻き起こった。

ニューヨークの動物園には、一九〇六年から一九一二年まで飼われても、小さかったゾウの記録があった。入園した時、肩高一メートル十二センチ。それが六年経ったのに肩高一メートル五十三センチ。牙は十センチというから、ないといってもいいくらいだ」

これらは女子栄養大学名誉教授の小原秀雄さんがコビトゾウについて書いた一文から手に入れた情報です。このニューヨーク動物園のコビトゾウと同じではないでしょうが、「実際に数頭のピグミーゾウらしきものが動物園で飼われたこともある」と、動物愛護家で未知動物学の貢献者ジャン・ジャック・バルロア博士は述べています。バルロア博士は野生のコビトゾウについても、セネガル国立公園管理局長アンドレ・デュピュイという人が、ザイールその他でコビトゾウを見たと証言したことを述べています。

小さくても老象であったという実例についても、一九四八年にガボンで殺された個体を、パリ国立自然史博物館の哺乳類学者エドワール・ブルデル、フランシス・ベッテルの両氏が研究した結果が示されています。

「それは肩高が一メートル九十五センチしかなかったが、年老いたオスであった」と。

アフリカの北部の森林地帯にはコビトゾウばかりが大きな群れをなしているというニュースもあり、前記の「アサンデ族の主張したこと」と一致します。またコンゴー人はアフリカゾウをテンボというのに、コビトゾウはアベレと呼んで、ちゃんと区別しています。

コビトゾウ関係の知識は、かいつまんだところが以上のようです。たいていの人がうなずいてくれると思うのですが、学者というのはたいていの人ではないのです。グルツィメックやブルデルやベッテルの諸氏もむろん、立派な学者なのですが、その報道や論述を受け入れてもらえないわけです。このため、コビトゾウは今なお、ＵＭＡなのです。

古代ゾウの時代にもコビトゾウはいました。学者もそれにコビトゾウという名は与えないにしても、大変小さかったことは認めています。有名なのは地中海にあるシシリー島やマルタ島で一九五八年に発見されたパレオロクソドン・ファルコネリで、最新世、いわゆる氷河時代のものとされた化石があります。なかにはシシリー島のシラクサのスピナガロ洞窟から出たものは完全な骨格で、体高たった三十センチ！　生まれてまもなく死んでしまった仔ゾウの骨格ですが、それにしても小さい。縫いぐるみのような〝ミニゾウ〟です。この〝ミニゾウ〟が充分成長しても体長一メートルそこそこであろうと推算されました。では、〝認めない学者〟はなんとおっしゃるか。チェコのJ・アウグスタ博士はこのパレオロクソドン・ファルコネリを、「おそらくアルキディスコドンの矮小型子孫なのであろう」と申されます。アルキディスコドンは化石の巨象です。「地理的隔離の説」によって、それを四分の一、五分の一に縮めてしまうのです。

日本にもパレオロクソドン・アオモリエンシス・トクナガ（アオモリゾウ）という極めて小さいゾウがいました。これも一メートル二十センチほどだと記憶します。私ならでかい面《つら》をして、これを「日本のコビトゾウ」と呼んでやるのですが、そういって、ジャーナリズムにも、ほかの一般の人々にも、そう呼んでもらうには、権威というものが要るのです。それを持っておいでになるのが学者という諸先生です。

この項の末に及んで、最もUMAらしいコビトゾウをお伝えします。それは一九〇七年頃、ル・プチという人物が、ザイールにある某湖で、肩高一メートル七十センチそこそこの「ゾウの姿をしたもの」を目撃したという話です。これが知る人ぞ知っているウォーター・エレファント（水の象《ンドコ・ナ・マイジ》）で、のちにベルギー人将校フランセン中尉がそれらしい動物を撃ち止め、ヨーロッパへ少なくとも一頭は持ち帰ったそうです。

ザイールの某湖にいるほうは小さいゾウの恰好をしていて、赤い毛におおわれ、胴体はずんぐりかなり長い鼻と首をし、耳は短く、牙はなかったといいます。ゾウなんだから鼻は長いに決まっていますが、首も長いというのは困ります。ゾウは首がほとんどないといっていいくらい短いからこそ鼻が長いのです。首が長かったら鼻が伸びる必要はありません。この点だけ、水の象《ンドコ・ナ・マイジ》にはほかの動物の特徴が混入しているらしい。そう考えるほかありません。ではフランセンの持って帰った獲物を見ればいいようなものですが、そいつはル・プチの報告した、赤い毛の生えた小さいゾウとは違うようだとバルロア博士はいっています。

フランセンの獲物は、ゾウ類に入れるべきかどうか迷うような代物《しろもの》。コビトゾウの一種はいぜん水の象《ンドゴ・ナ・マイジ》として、ザイールの湖水に浸っているようなのです。

コエロフィシス

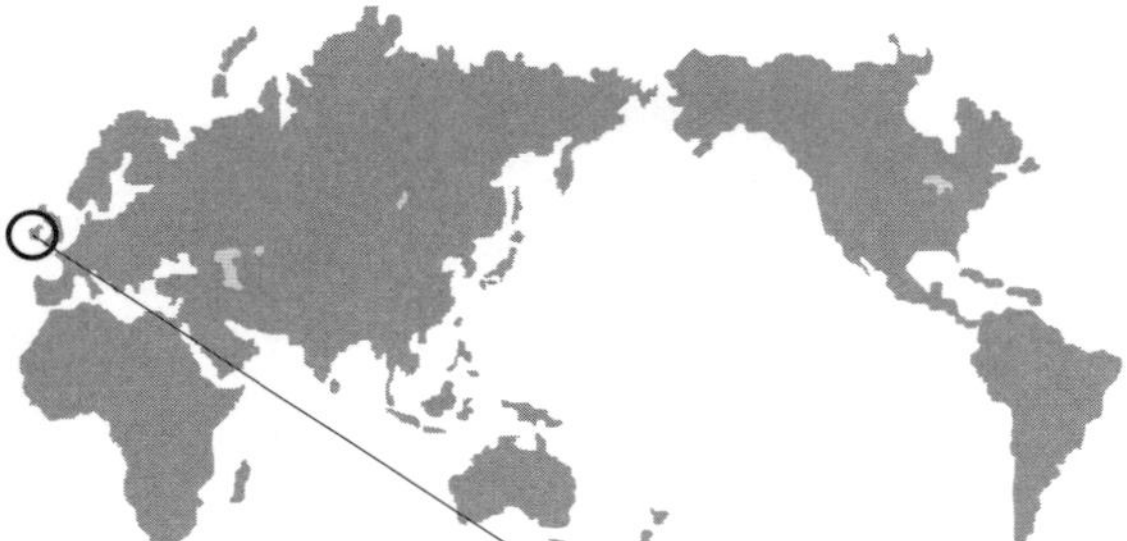

●出没地
アイルランド（スラヒーンズ湖）
●タイプ
古代恐竜型
●大きさ
2メートル半〜3メートル

UMA

EMA

最古の軽快恐龍コエロフィシスが今でもいたのか？

一九六六年七月、アイルランドにあるマチル島で雑貨店を営んでいるデニス・マックゴーエンの店へ、一人の釣り師が、まるで妖怪変化《へんげ》に出会ったような表情で飛び込んで来ました。岸に立って釣り糸を垂れていますと、前方の水面を突き破って、モンスターが躍り出し、私に向かって泳いで来たんだ！　というのでした。

幸いそのものは岸に上がって、町にあるマックゴーエンの店近くまで追いかけては来ませんでした。ですが、この雑貨店のおやじさんはあまり驚きません。釣り師がよく行く最も近い湖水スラヒーンズには、一九三〇年頃から、水鳥のようなモンスターが出るという噂があったからです。

二年経った一九六八年五月、マックゴーエンはまたもや怪物に出っくわしたという客を迎えます。それは、M・マックナルティー及びJ・クーニーの両氏で、朝早くから夜まで釣りに耽った帰りの夜十時頃に、スラヒーンズ湖畔で、自動車のヘッドライトが、あまり大きくない恐龍、としか形容出来ない動物を照らし出したのです。驚愕した二人はキキィーッとばかり車を急停車させますが、その動物は四～五メートルほど前を、右から左へ向かって、ゆっくりと横断し……、左方の林のなかへ姿を消します。二人は全速力を上げてクーニーの家のあるアチルサウンドの町までぶっ飛ばします。家に飛び込んで、落ち着いてから、正確に確かめ合って、二人はその動物の形態を描き出しました。体長は二メートル半から三メールほど。尾は長く、細く尖っていました。体は黒褐色。鳥のような長い足で歩いていたのです。前足は手のようで小さかった……。

これらの形態を、開いて見た古生物図鑑に当てはめて見ると、クーニーとマックナルティーは異口同音に叫んで一ページを指差しました。

「これだっ……、コエロフィシス！」

このあとマックナルティーが自分たちの見たことを確認し、ほかにも見た人がいるかどうか調べるために、マックゴーエンの店をも訪れたという順序。

その頃も、その後も、湖畔では指が三本の水かき状の足跡が見つかり、あるいはカワウソ？　といわれましたが、マックゴーエンは「イイヤ、この湖にカワウソは住んでいない！」と全面否定。

一九七五年に及んでＵＭＡ研究の熱心家Ｊ・サンドバーグ氏も、湖岸に駐車してあった車の右側から、そのものが出現するのを目撃しています。それはジャンプするような走り方で、サンドバーグ氏の目の前二～三メートルのところをぴょん！　ぴょん！　と走りすぎ、木の茂みに飛び込み、氏が念入りに追いかけ捜索したが見つからなかった――こういう経験でした。氏は「コエロフィシスだ！」と断定。

コエロフィシスは、太古・三畳紀に生存していた最古の恐龍でした。始源型とされる祖龍《そりゅう》類《るい》・槽歯目《そうしもく》の特徴を受け継いでいて、のちのち、肉食系の獣脚目と草食系の龍脚目を生ずることになります。その岐路《わかれみち》に立っています。そこで、最古の恐龍として扱うのです。二メートル四十センチ、大きくても三メートル足らずで、体格はほっそりして、骨も中空で、生存中は体重も十八～二十三キロほどと見積もられます。極めて軽快で、四つ足でも歩いていましたが、立って走ることも得手《えて》でした。攻撃型の捕食者《プレディター》で、共食《カニバリズム》いもしたらしい。もっとも、カンガルー式にジャンプして走ったかどうかは不明。

スウェーデン自然博物館のカール・プレイジェル博士は、コエロフィシスの生存説に反対し、「その理由は、コエロフィシスは陸上生活で、湖中を泳ぐようなことはしなかったから」と述べたそうです。ですが、コエロフィシスに類縁の近いコンプソグナートゥスにはひれ足のような前足があって、潟湖《せきこ》を泳ぐ水陸両生の動物だったという説も出ています。必ずコエロフィシスだとは決まっていないとすれば、スラヒーンズ湖の怪物はコンプソグナートゥスかも知れず、水泳もしたかも知れません。

UMA
EMA

コエロフィシスもコンプソグナートゥスもよく似ていて、まとめてコエルロサウルス類と呼ばれます。そこで、このスラヒーンズ湖のUMAをコエロフィシスだと呼んだのは目撃者ですから、仮にコエロフィシスとしておきますが、コエルロサウルス類の軽快型恐龍という意味で考えます。コエルロサウルス類のあるものが、アイルランドの湖水附近の森で、生存していられるか？

第一に軽快ですばしこく、自分の同類から、トカゲから、かなりの大きさを持った恐龍、そしておそらく昆虫も魚も食った、つまり極めて食性が広かったことが挙げられます。このうち、すばしこいという特徴は敵から逃れるのに有利。また、食物が大小なんでもいいのだから、たとえば湖の魚だけ食って生きることや、昆虫や、のちには多く出現して来る鳥類を食うだけでもやっていけます。ことによると雑食性に変わることも出来た、という有利さを持っています。

第二に「コンプソグナートゥスだったら水も泳げたかも知れない」。これは一九七五年にB・ホルステッド博士の発表した見解で、コンプソグナートゥスの前足はひれ足状になっています。しかも、地上を歩く助けにもなった（走る時には二足で立って走るのだから前足はそれを妨げない）ということに基いています。コンプソグナートゥスは水陸両用の動物だったのです。

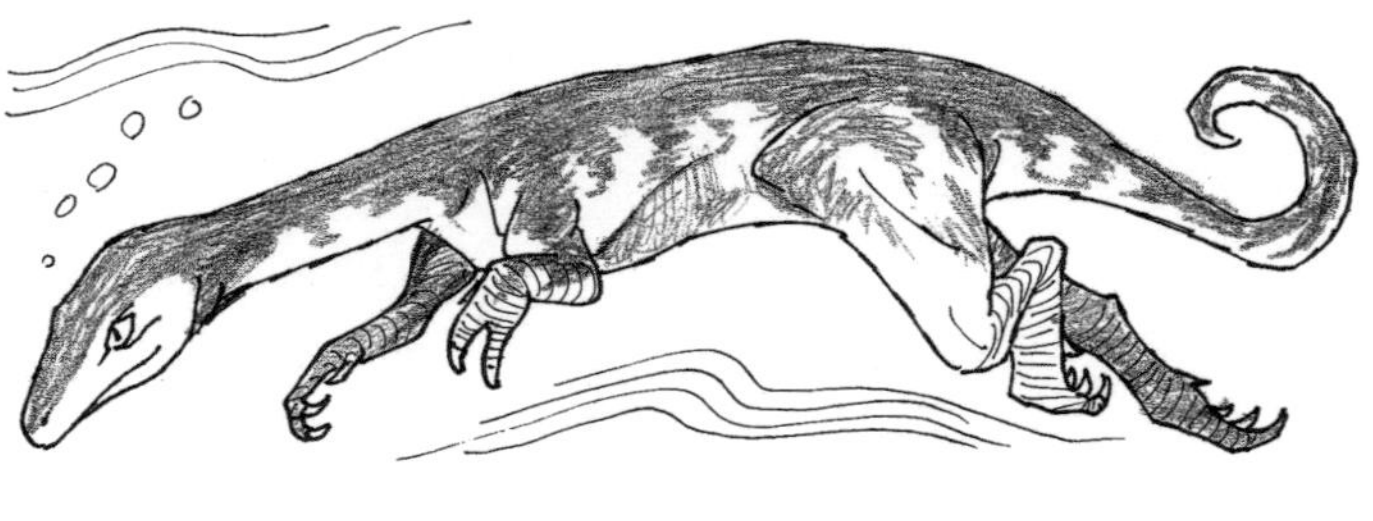
コンプソグナートゥス

第三には、器用な前足を持っていて、別々の指なら指で、ひれ足状ならひれ足状のままで、「ものを掴む」ことが出来ました。これは知能を高めるものです。

第四には彼らは大変古い時代から生き延びてきたのですが、温血性を獲得していました。でないと、その敏捷さが理解できません。温血、半温血なら寒い地方や水中の生活にも耐えられるでしょう。その上、私の考えでは、この生き延びたコエルロサウルス類は、上顎《じょうがく》と下顎《かがく》の接合をなす柱状の骨が大きくなり、前後に動かすことが出来るように進化したのではないかと思います。もしこの変化が得られたとすると、恐龍より有利な「トカゲの生存条件」を手に入れたことになり、トカゲのように、現代まで生き延びた可能性が強くなってきます。これらのコエロフィシスやコンプソグナートゥスの持っていた特徴に、私の想定した進化をつけ加えれば、スラヒーンズ湖の怪物はコエルロサウルス類の恐龍の生き残りであり得るわけです。

しかもコエロフィシスだったとしても油断は出来ません。震え上がって逃げたマックナルティーたちや、店へ逃げ込んだ釣り師は正しかったのです。コエロフィシスは大きくもなく華奢ではありますが、おとなしくもなんともありません。鋭い歯をいっぱいに並べ、スクテロサウルスを襲殺《しゅうさつ》していたのではないかとされているからです。共食い《カニバリズム》といっても、彼らの化石の肋骨《あばらぼね》の囲いのなかに、幼いコエロフィシスの骨がある、という発掘例がいくつもある

UMA
EMA

のです。コエロフィシスは人食いヒョウのように恐ろしい恐龍でした。万一、出くわしたら、必死で逃げ出すほうがよろしい。

ハーム島の怪物

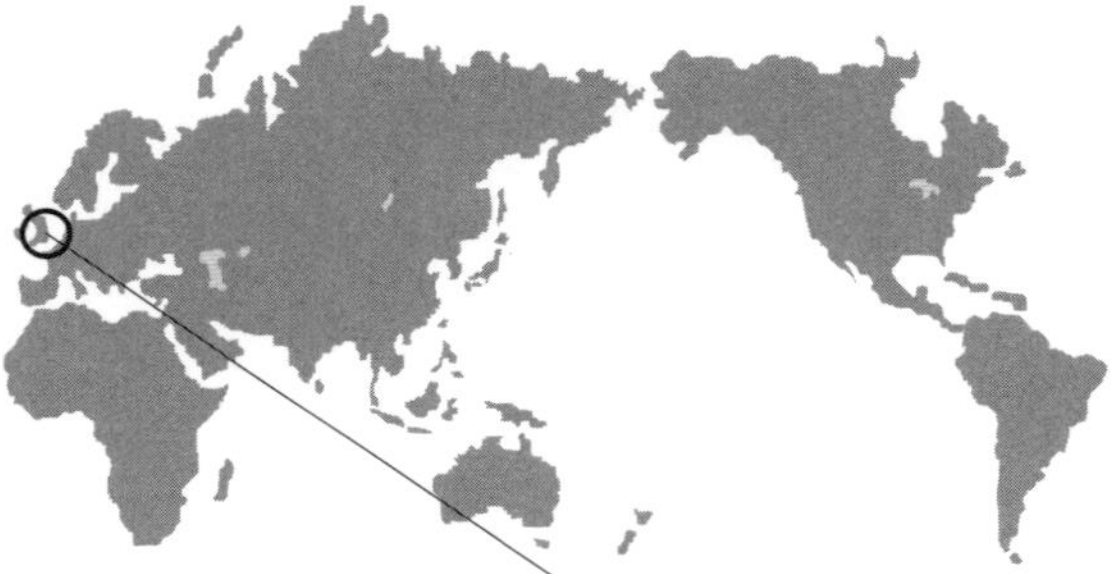

●出没地
イギリス（ハーム島）
●タイプ
首長龍型
●大きさ
首の長さ1メートル20センチほど

UMA
EMA

ハーム島の怪物——十四人が目撃した〝海ネッシー〟

イギリスのチャネル諸島にハーム島という島があり、そこへ行っていたロンドンのケンシングトンに住むヒルダ・ブロムリー夫人が、自分以外のあと十三人とともに左記の経験をしました（これはネッシー専門家ティム・デインスデイル氏の蒐集した資料『グレイト・シー・サーペント報告　第十号』にあるもので、デインスデイル氏はイギリス鳥類学者クラブで講演した時、ブロムリー夫人に会って取材したのだと書いています）。

——私たち（夫人と子供二人、家庭教師一人）は漁夫バニスターの案内で、あと八人を加えた同勢で、ハーム島の海岸に出かけた。一九二三年八月のことと記憶する。その日は水位が低く干潟《ひがた》をゆけるだけ行ってみよう、そしてエビを捕ろう、と計画していた。潮の引いたあとに残る池のような潮だまりから右のほうへ、半ば引きずったような跡がついていた。それは何かよほど巨大なものが、その潮だまりから這《は》い出して、海草におおわれた砂浜の上を移動して行った痕《あと》のように思えた。私たちは怖がりながら右のほうへ、その足跡？　を跟《つ》けて歩き出した。かなりの距離を行ってから、私たち十四人は、さっきよりも、はるかに大きい潮だまりに達した。その海水のなかへと、その五～六フィート（一メートル五十～一メートル八十センチ）幅の引きずり痕《あと》は消えて行っていた。私たちは無気味さと、恐怖の予感で、砂や水に足を浸したまま立ちすくんでいた。

するとその時であった。潮だまりのずっと向こうの真ん中へんに、一個の大きな頭があらわれた。その頭の下には、そう、三ないし四フィート（九十センチ～一メートル二十センチ）もあっただろう、長い、太い首が、続いていた。そしてその首を動かすでもなし、振るでもなしに、大きな黒い目が、私たちを見つめている。なんの恐れる様子もなく、といって怒っている表情でもなかった。しばらくしてから、怪物はまた、ゆっくりと海水のなかへ沈んで行った。怪物はそれまでに人間というものを見たことがなかったのは明らかだった。私たちは思いきって、手をつなぎ合って、潮だまりのなかへ踏み込んでみたが、それがあまりにも広くて、しかもすぐ深くなるので、怪物に迫ることも、それを驚かすことも出来なかった。すると猟師のバニスターが、

「もうどんどん潮が満ちはじめたから帰ったほうがいいですぜ！」と警告し、私たちがもう少しここにいたいといっても、

「いやいけねえ、危ねえから」といって、聞き入れませんでした。引っ返しながらバニスターに尋ねると、

「俺と家族はもう何十年もこの海岸で暮らしているが、あんなものは見たことも聞いたこともねえ！」とのことだった——。

デインスデイル氏はこの語り手ブロムリー夫人に詳しく問い糺《ただ》し、その怪物の胴体は水の下にあって見えなかったこと、色は黒かったことなどを確かめました。時刻は午後早々。目撃時間は数分間。耳があったかどうかは、気がつかなかったのです。口はトドのように大きかったのですが、トドやアザラシではありません。その動き方は重々しくてゆっくりしていたことなど……。

ブロムリー一家の目撃はこれだけで、ハーム島周辺でも、同じような例はなく、騒ぎにもならなかったそうですが、以上は、〝ネッシー型ＵＭＡ〟の最も典型的な目撃例で、そのなかでも極めて冷静でリアルに報告されていることは感嘆に価します。

「ハーム島の怪物」は一言でいえば〝海ネッシー〟です。夫人には、潮溜まりが深かったので、見えなかった水面下には、もっと首が続いていて、その下に巨大な肉体があったことでしょう。はっきりした足跡をつけず、引きずったような痕《あと》だったことから考えて、その足がひれ形の足で、海獣類のように、完全に水中生活に適応していることがわかります。その足跡の幅が一メートル半から二メートル近かったことでも、その巨大さは測《はか》れます。潮溜まりから潮溜まりへ移動しているのだから、彼が水中に浸りっきりの魚のような、イクチオサウルスのような生態ではなく、多少は陸上も歩けたプレシオサウルス型の水陸両生動物であったことも明らかです。

プレシオサウルスは長頸龍《ちょうけいりゅう》（蛇頸龍《じゃけいりゅう》、クビナガ龍）類の代表種です。その祖型《そけい》というのは二億年も前の三畳紀の海に住んでいたノトサウルスだと目されます。ノトサウルスはちょっとワニのような顔をし、四肢はまだひれ形になっていず、指の間に水かきがあるだけの水生爬虫類でした。首は長いのですが全長三メートルそこそこで、水に潜りながら魚を食べていたが、あまりすばしこい魚は食べられなかったろうといわれます。

首が非常識に長いということから、もっと昔、二億一千万年前のヨーロッパにタニストロフェウスという奴がいました。これは体はまだオオトカゲだといってもよく、大きいものは四メートルもあったが、そのうち三メートルが首だったといいます。ヘビになっちゃったほうが生活上有利なんじゃないかと思うようなやつでした。が、こやつは槽歯目《そうしもく》で、恐龍とはいえません。

タニストロフェウスとは別に進化していったのが、ノトサウルスの系統で、三畳紀の末からジュラ紀の中葉《ちゅうよう》へかけて、プレシオサウルスが発展します。彼らは最大級なら五メートルにもなり、その仲間は日本近海にも分布を広げ、ウェルジオサウルス（フタバスズキリュウ）になります。首はますます長く自由に動くようになり、ついにはエラスモサウルスやヒドロ

ノトサウルス

テロサウルスのような、四メートル以上の首というものすごい大蛇頸龍《おおじゃけいりゅう》を現出《げんしゅつ》します。

ハーム島の怪物はエラスモサウルスやヒドロテロサウルスほど長ったらしい首ではなかったでしょうから、おそらくプレシオサウルスでしょう。彼らは魚やウミガメのほかに、洋上を飛ぶ海鳥や、翼手龍プテラノドンでも、首をヒューッと伸ばして、咬み止めて食っていました。彼らの化石の胃のなかにはプテラノドンの遺骨も含まれているのです。ハーム島の上を飛ぶカモメたちも、ときどきこの〝海ネッシー〟にぱくっとやられていたでしょう、たぶん……。

タニストロフェウス

タッツェルブルム

UMA

EMA

●出没地
オーストリア、ドイツ、スイスなど
●タイプ
トカゲ変種型
●大きさ
60センチ～3メートル

タッツェルブルムはツチノコの兄弟！

フランクフルトの動物園長ベルンハルト・グルツィメック博士は、雪男やネッシーやタッツェルブルムがいるという時、それをあざ笑う科学者には、「君らはオカピについては丸っきり想像もしなかったじゃないか」といってやれるといっています。

ヨーロッパではタッツェルブルムはネッシーや雪男なみの名の通った存在なのです。日本のＵＭＡについてもかなり知っている未知動物学者のバルロア博士は、日本のツチノコに〝タッツェルブルムの兄弟〟という〝名誉〟を与えました。

——一七七九年、ドイツのザルツブルグ近くのウンケンというところに、ハンス・フックスという人がいた。この人が二匹のタッツェルブルムに至近距離で出っくわしてしまい、驚きのあまり心臓発作で死んだ。その父母がその時の有様を絵に描き残した。それは三本指のオオトカゲのように描かれていた——。

これがタッツェルブルムの初見、もしくはタッツェルブルムが神話伝説に登場して、聖ジョージやウインケルリートに征伐されるドラゴンのたぐいではないと思われるようになったきっかけでした。

スイスの科学者フリードリッヒ・フォン・チューディは、一八六一年に『アルプスの動物界』という書物を著《あらわ》し、そのなかでこう記《しる》しました。

「ベルン・オーベルラントには、洞窟に住むタッツェルブルムというものがいる。体長は一～二メートルで、小さい前足があり、乾季のあとで、雨の降る直前に姿を見せる」

ベルン・オーベルラントはアルプスのスイス側にある地方で、一九三〇年代に、ある男がナイフをふるって、このタッツェルブルムと戦い、刺そうとしたが、皮が丈夫でナイフの切先が刺さりません。手こずっている間にタッツェルブルムはなお刃向って来たといいます。このようにタッツェルブルムは攻撃的で、シューッという音を発し、顔を狙って躍りかかって来るといっている人が多くいます。

タッツェルブルムはドイツ語で前足のあるイモムシというような意味だそうです。アルプス山脈のドイツ、スイス、オーストリア側に姿を見せ、たぶんフランスの一部にもいるといわれます。口は大きく、鋭い歯があり、はっきりした目もあり、首は短く、大きさは一～二メートルだが、六十センチくらいという証言もある。いや、二メートルよりもっと大きいという主張もある。フランスで何十年も隔てて三回、三メートルもあるタッツェルブルムらしい奴が見られたというのですが、それはヘビであろう、しかし、ヘビにしても大きい、と評価されました。タッツェルブルムが攻撃的ではなく、類似した爬虫類か両生類なみに臆病だと見なせるような目撃例もありました。

一九二九年、オーストリアの教師なにがしがランツベルク附近の洞窟を調査していて、腐植土の上にヘビのような動物が横たわっているのを見つけました。そいつは教師を大きな目で見返しています。教師は捕まえようとし、タッツェルブルムはこいつは危ねえと感じたらしく、穴のなかへ隠れ込んでしまった——といいます。

タッツェルブルムは灰白色だといいますが、時には褐色を帯びています。黄色のマダラのある黒い個体も一例報告されています。その色よりも皮についてはもっと証言がバラバラです。肌は露出している、鱗に包まれている、いや短毛でおおわれているなど、これでは爬虫類とも両生類とも、哺乳類とも判断出来ません。もっと変なのは足の数についての証言です。

ある人は足はない、ヘビ状ですといい、ある人は四本の足がちゃんとありましたと証言し、二本の前足しかないと述べた人も少なくありません。尾は長いというほどでもなく、全長の四分の一くらいだが、その尾の末端は丸く終わっているという者と尖がっているという者があって、ここでも証言は一致しません。まあたいていのUMAについての証言はそうですがね。

これらのネタは、未知動物学者のバルロア博士が借用したウルリッヒ・マーギンという人の調査結果から、私が孫引きしたものですが、チロル、ザルツブルグ、バイエルン、スイスの一部では、タッツェルブルムは実在の動物として、ちっとも怪しまれていないそうです。

私はかつて、自著の『世界の怪動物99の謎』のなかで、タッツェルブルムをサイレンの一種だと推定しました。サイレンは北米産の両生類で前足だけあって、後ろ足がないのです。サイレンは北米の池とか流れのゆるい川に住み、ウナギみたいに体をくねらせて泳ぎ、行動はけっこう活発です。体長は七十センチほどで、水からはほとんど上がらない水中生活ですが、外鰓《がいさい》のほかに肺呼吸もするので、陸上へ上がることも可能です。主に魚や貝類を食って生きています。メスは一個ずつの卵を水草の根に生みつけます。二十五年も生きていたサイレンもあるというから長生きするほうです。

タッツェルブルムにも前足しかないという証言があるので、サイレンがヨーロッパにも生息したのではないかと考えたのです。しかし、バルロア博士とマーギンの豊富な調査結果を見ると、サイレンだろうといい切る自信がぐらついて来ました。それでも水中生活をし、洞窟にも住んでいるサイレンは、魅力的なタッツェルブルムの正体候補です。もしタッツェルブルムには後ろ足がある、四本足だという証人が圧倒的に多いのでしたら、仕方がありません。しぶしぶ大型イモリか、オオサンショウウオに正体候補を切りかえましょうか？ オオサンショウウオは動きがのろく、遅鈍といっていい。しかし魚でもヘビでも、大きな口で、

サイレン

ガバッと食う貪食家《どんしょくか》ですから、いくらか正体としては可能性はあります。ありますが、ヨーロッパにはいないのです。大型イモリだとヨーロッパにはともしい。しかしいることはいるのですから、このあたりで妥協してもいいでしょう。バルロア博士もタッツェルブルムは冬眠する動物だといっています。

バルロア博士の得た新しい情報によりますと、「イタリアのヴァレル・ダオスタ州で、春になって水位が上昇すると、毎年一匹のタッツェルブルムが水源地から出て来る。しばらくの間はその姿を見ることが出来る」というのです。まさしく冬眠から覚めた両生類にふさわしい生態です。

私はそこへもう一歩踏み込んで、毎年タッツェルブルムは、その水域で産卵するのだと考えます。一九七四年七月に、ジャン・クロード・オーギュスタン夫妻が、アルプスのケラス地方で、急流のなかを移動してゆく六十～七十センチのサンショウウオを観察した――という例があります。

一九六三年の夏には、イタリアのウディーネ附近で、タッツェルブルムらしいヘビ型のものが〝いつも一緒にいる案内役のヘビ〟と寄り添って、穴のそばにいる――と証言した数人の人がありました。これなどはことによると、タッツェルブルムは雌雄異形で、足の退化したほうがメスで、オスがそのメスに対する「追尾《ついび》行動」をしているところだったのではない

UMA

EMA

か、と思われます。イモリたちは、流れに逆らって、そのような性的行動を取った末、オスが放出した「精子塊《せいしかい》」をメスが体内に受け入れるのです。その間、仲よく一緒にいることもあって、それが〝案内役のヘビ〟と見なされたのでしょう。タッツェルブルムが大型イモリで、メス、オスどちらかがアシナシイモリのように足の退化した形だと仮定すれば、一方が大トカゲ、一方がしばしばヘビと見なされる理由も、わかって来るわけです。

ハイール湖の怪物

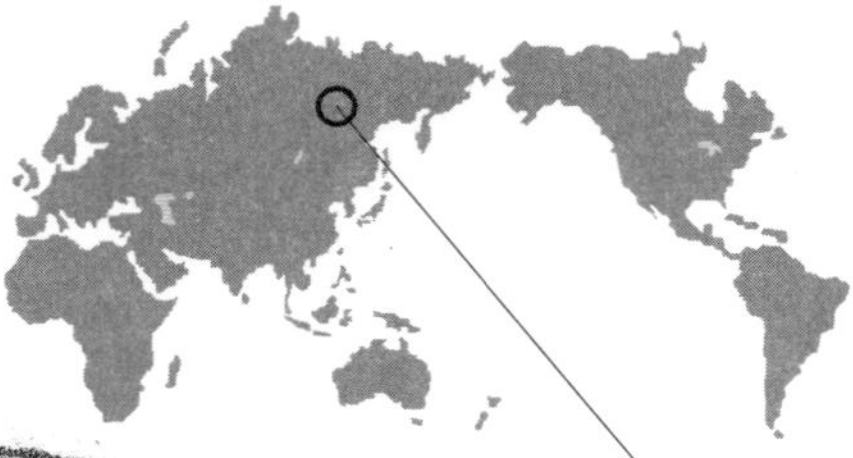

●出没地
ロシア（ハイール湖）

●タイプ
首長龍型（背ビレあり）

●大きさ
全長約15メートル

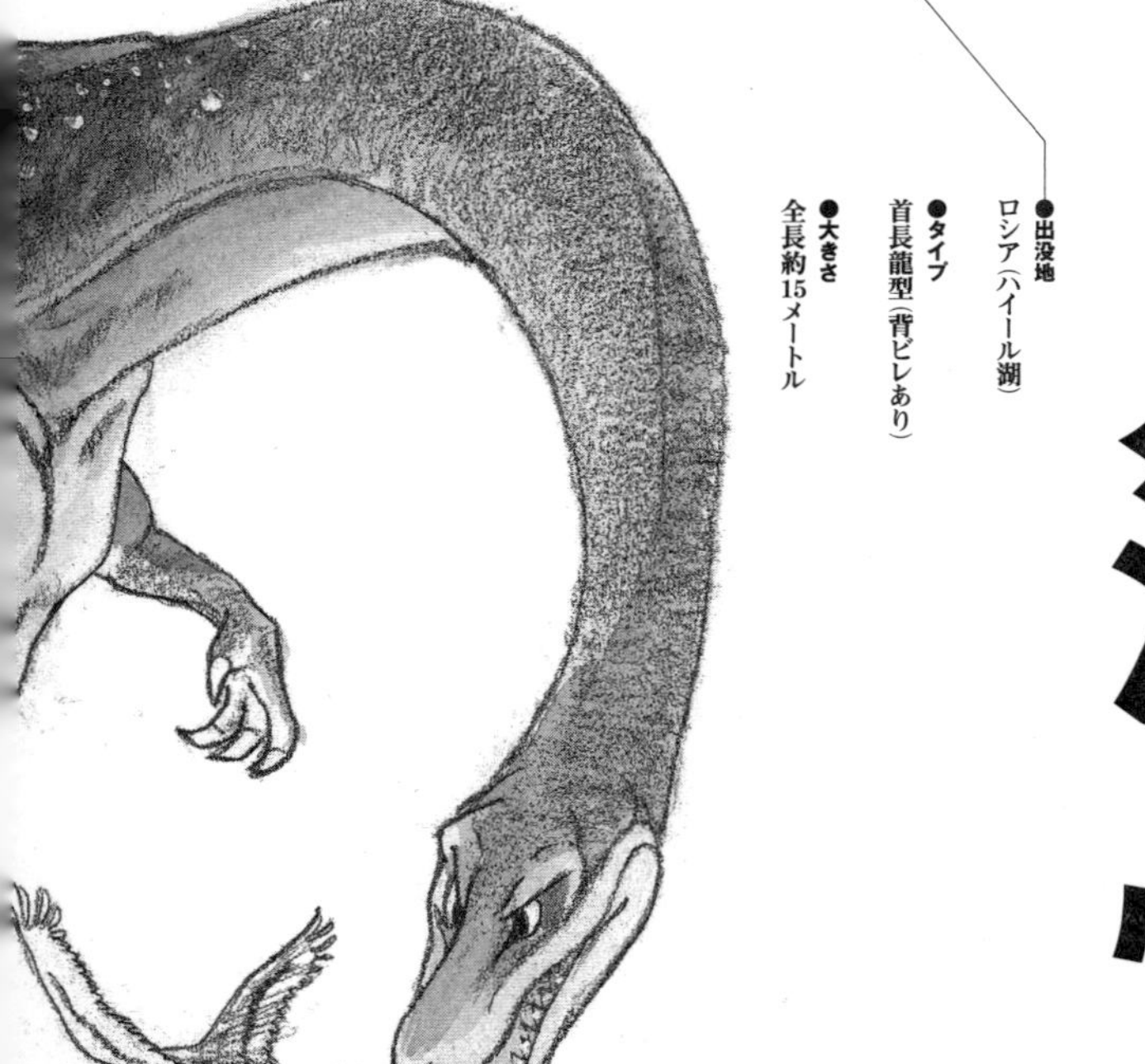

ハイール湖でスピノサウルスが水浴びをしている?

一九六八年頃、モスクワ大学の探険隊が、シベリアの奥地にあるハイール湖で、二度にわたってその怪物を目撃したという新聞記事がありました。

――それは、頭は大きくないが首が長く、きらきら光っていて、皮膚は黒かった。尾もずいぶん長く、背中に大きなひれがあった。全長約十五メートルという怪動物だった。隊員たちが調査してみると、ハイール湖近辺に住む人たちはみんな、湖中にそういう主《ぬし》がいることを信じていた。ある漁師は、湖岸を歩いていて、そいつに襲われたという――。

そんな奴がいることは、まあ信じたとしても、ハイール湖には魚が住んでいず、ミズドリも下りないというのです。いったいどういう手段で生活しているのでしょう? それが第一の謎になります。

この怪物にはミゴー（一三四ページ参照）とかマニポゴとかいうような名前はついていませんでしたが、似た怪物なら東シベリアにもいました。東シベリアのソルドングノフ丘の湖水、またその地方で最も広いラブインクィル湖にも、十メートル以上の水生、または水辺に住む怪動物がありました。ある漁師が鳥を射落《いおと》したところ、それを水辺から首を出して、横取りした——という例が語られています。また、猟師が連れていたイヌを、水中から躍り出したくだんの怪物が、がぶりとばかり食いついて、持って行ってしまった——という相当恐ろしい体験も、そのラブインクィル湖の怪物について語られていました。みな、ハイール湖の怪物の同類らしい。

フィンランドにも、モナガン県のドロメード湖に、これはもう間違いなく大変兇暴で恐怖すべき〝巨龍〟が住んでいるといいます。しかしフィンランドまで行かず、ロシア国内に限っていっても、あちこちの湖沼に、恐るべき主《ぬし》が住みついているらしいのです。

そこで、ハイール湖の怪物ですが、ほかに例を見ない一番の特徴は、その〝背びれ〟にあります。モスクワ大学の探険隊は、隊長が見た記憶によって、出来るだけ正確に描いたというスケッチを残していますが、その背中を見ると、なるほど、ゆるやかな半円を描いて、背びれ状のものが垂直に立っています。ただ中央の部分がやや低くなっていて、ひれ全体は完全な半円形をなしてはいません。

そのような突起物を背中に持っていた恐龍は何種かが発見されていて、生きていた時には縦並びに長い棘《とげ》があって、その間に膜が張られていました。それが化石によってわかります。神経弓《きゅう》、または神経棘《きょく》と呼ばれるものです。その背びれについては、巨大型の恐龍よりはるかに古いペルム紀（二億七千万〜二億二千万年前）のエダフォサウルスやディメトロドンが印象的です。多くの人が恐龍図鑑で、背中に高々と〝帆〟を上げているその姿を忘れずにいることでしょう。しかし、このうちエダフォサウルスは草食性でしたし、ディメトロドンは肉食性ですが、どちらもあまり大きくありません。二メートル半から三メートルくらいのものでした。

　そこでハイール湖の怪物の正体には、エダフォサウルスもディメトロドンも向かないとすると、白亜紀中葉に活躍期を持つウーラノサウルスはどうでしょうか？　ウーラノサウルスは西アフリカのニジェールで、ほぼ完全な骨格が発見された、全長七メートルほどの恐龍です。これは、発見当時「事実上ほとんど化石になってはいなかった、約六千年前までは生きていたのではないか」という点で、我々、ＵＭＡ追求者にとって見逃し出来ない例なのですが、惜しいことに草食動物でした。鼻面の幅が広く、カモハシ恐龍に似ていました。しかしコリソサウルスなどの仲間ではなく、イグアノドンに近かったのです。顎《あご》や歯の形状からして、大量の植物を食っていたことは確かでした。ハイール湖の怪物たちは漁師や鳥類やイヌに襲いかかったところから見て、はっきり肉食性です。ウーラノサウルスの生き伸びた姿ではありません。

　ここに至って、ウーラノサウルスにも負けない背びれを持っていた捕食動物であったスピ

ウーラノサウルス

ノサウルスが浮上して来ます。スピノサウルスは白亜紀後期のアフリカ産、体長は十二メートルもあり、重量はむろん推定ですが、六・四トンもあったとされます。その神経弓《きゅう》――背びれは壮麗で、完全な半月形をなし、頭の後ろから尾の四分の一のあたりまで及び、背中の絶頂で、その高さも絶頂に達し、一メートル八十センチも突き立っていました。これをウーラノサウルスに比較しますと、後ろ首から尾の先まで続くのがウーラノサウルスで、形もスピノサウルスとは異なります。スピノサウルスが半月形なのに比べて、ウーラノサウルスの背びれは後ろ首からいきなり高まって絶頂に達し、以後、なだらかに低くなって、そのかわり尾の先まで続くわけです。もし、実物に出っくわしたとしても、面《つら》といい背びれといい、一目で見分けがつくでしょう。

この背びれはなんのためにあるのか？　同じ仲間のスピノサウルスならスピノサウルスに、またはそのなかのメスオスを見分けるためという「行動上の意義を持っていた」という説が一つあります。この説に従えば、スピノサウルスやウーラノサウルス、ことによるとディメトロドンとエダフォサウルスも、背びれの形がメスオスによって違っていた、あるいはオスにはあったがメスにはなかったのじゃないか、ということになります。つまり、シカの角やライオンのタテガミと同じです。もう一つの説は背びれを広げたり、体を横に向けたりして、敵に対して体を大きく見せ、恐ろしげに物々しく脅かすためのものでした。すなわち威嚇用

スピノサウルス

の器官であったという説です。これにも一理はあります。

わりあい支持者が多い第三の説はこうです。ディメトロドン、エダフォサウルス、ウーラノサウルス、スピノサウルス、いずれも背びれを、温度調節器として使っていました。寒くて、体が冷えた時には、太陽に背びれを直角に向けています。暑くて、体温が上昇する時は、風に当てて、体を冷やすという戦略です。神経弓《きゅう》という名称の通り、背びれのなかには多くの神経と血管が緻密に張りめぐらされていて、熱を吸収したり、放散したりするのに最も効率的であったろう、というわけです。

モスクワ大学の探険隊長はその背びれをハイール湖の怪物の背にはっきりスケッチしました。そして猟犬や鳥を食ったり掠奪したり、人をも襲う攻撃性を記録しています。そうなるとディメトロドンは肉食者ですが小さいし、ウーラノサウルスは大きかったが植物食者だったのですから、兇暴な肉食獣的恐龍であったスピノサウルスこそ、最有力な正体候補だということになります。

ただし、とここでいわなければならないのが口惜しいのですが、ハイール湖の怪物はスピノサウルスにしては首が長く細い、頭も大きくない、ということがネックになります。スピノサウルスが温血動物だったとすれば、寒い地方や水中水辺に住んでいることは、まあ可能だとしても、この形態の違いがなかなか乗り越えられません。魚も水鳥もいない湖やその周囲で、そういつもいつも、人間やイヌを捕らえて食っているのではあるまいし、ハイール湖のまわりには、シカなどがかなり生息しているのでしょうか？　そのように疑って調べてみますと、シベリアアカシカ、トナカイ、ヘラジカなどがいることがわかりました。これなら、ハイール湖の怪物の〝食糧問題〟は解決したわけです。ただし、それなら陸上生活をすればいいのに、いつも冷たい湖の水のなかに住んでいるのはどういうわけでしょう。そこまで問いつめられると、やはり謎は残ります。

チェッシー

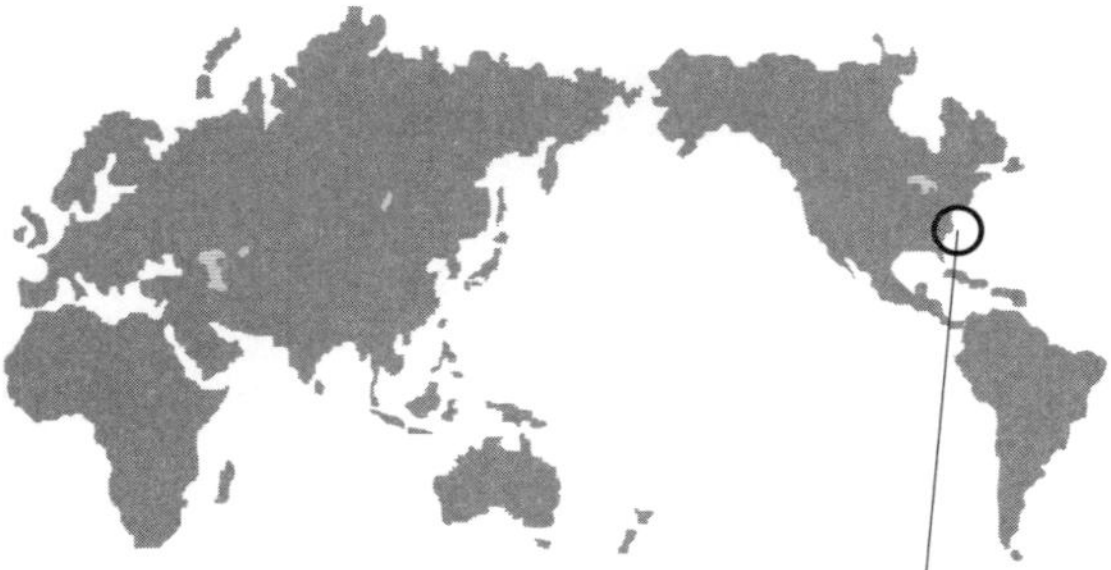

●**出没地**
アメリカ（チェサピーク湾）
●**タイプ**
海生爬虫類型
●**大きさ**
7～10メートル

UMA
EMA

チェッシーは魚を追って来るらしい

チェッシーは一九七八年の夏だけで、三十人以上の男女に目撃されたそうです。場所は、米メリーランド州にあるチェサピーク湾。そこにポトマック川が流れ込んでいます。この川と湾に怪物の出現例が多く、ネッシーをもじったチェッシーという名も、チェサピーク湾にちなんだものです。

その年（一九七八年）六月二七日に、メアリー・L・ルイスと二人の従姉妹《いとこ》たちが、ポトマック川に近いプールで泳いでいて、ふと川のほうを見て、

「あらっ！　あれはいったいなんなの!?」と叫んだのが最初の目撃とされています。それは浮かんだり沈んだりしている数個の物体で、流れに逆らって、つまり川の上流のほうへ向かって移動していました。四～五頭の大蛇の頭のように見えました。ただの物体なら川上へ向かって進むはずはありません。

もちろんルイス嬢の目撃は誰にも信じてもらえず、女の子たちにもキャアキャアと笑われるだけでした。こういう話を聞くと、我々はその人に同情し、信じてあげればいいのにと思

UMA

EMA

いいます。しかしですね、誰か知人が富士山麓にマンモスがいたとか、淀川をイクチオサウルスらしいものが泳いでいたといったら、まず、十中八九は何をいってるんだと笑い飛ばすに違いありません。多くの人々の反応とはそうしたものです。

越えて七月二五日、今度はポトマック河畔の自宅で寛いでいた六十九歳のドナルド・P・カイカー老人が、夫人と隣家のスムート夫妻とともに、見たのです。最初はその物体は流れに沿って川を下っていたそうですが、夫人とスムート氏らがやって来た頃は上流に向かう三匹の大きなヘビ？　と思われるものが、はっきり見えました。そのうち最大のものは五メートルはあります。スムート氏は、

「この川ではわしの子や孫もよく泳ぐんじゃ、あんな怪物に襲われてはかなわん！」と叫んで銃を持ち出して撃ちまくったので、あとで住民から烈しく非難されたそうです。

これを皮切りに目撃証言は増加しました。スムート氏に銃撃されて、チェッシーのうち一匹は跳ね上がり、水に潜って逃げたそうですが、その一匹がもし死んでも、少くとも四～五匹はいるわけですから、見た人が三十人を越えても不思議はないのです。それらを総合すると、長さは七～十メートル、濃い灰色で、体をうねらせて泳ぐ、スピードは早く、川にも海にもいる、背中にはコブやギザギザがある、ということになります。

Ａ・バレンスカーというダイバーはチェサピーク湾でチェッシーを見ています。ロバー

ト・フリューはチェッシーらしい動物の泳ぐところをビデオ撮影に成功しました。しかし学者の反応ははっきりしません。大きなエイ、イルカ、カワウソ説、アザラシ説と甲論乙駁《こうろんおつばく》です。フリューのフイルムさえなかなか見ようとせず、一九八二年九月になって、やっと二十人の動物学者がフイルムを検証しましたが、「水面で呼吸しているように見えるので……、哺乳類ではないかと思われる面もないではないが……」という控え目で慎重な判断を下しただけでした。

フリューのフイルムはその後二年もかけて（!）、コンピューターで解析されたのですが、呆れ果てたことにそれでも明快な見解は発表せず、ジョン・ホプキンズ応用物理学研究所の化学者の一人マイク・フリッツェルが、「フイルムの示している動物は、体長約十二メートル、体を左右にくねらせているようだから、たぶん爬虫類」と述べたにとどまりました。フリッツェル先生の指摘したうちで興味があるのは、「チェサピーク湾でのチェッシーの出現は、同湾へ移動して来る回游魚《かいゆうぎょ》のあらわれる時期に一致する」という一条です。

チェッシーが大蛇だという説も多いようですが、たとえアナコンダでも川の真ん中を首をもたげて泳ぐものではなく、数匹が一緒に行動することもありません。体をうねらせて泳ぎ進み、コブやギザギザがあること、シーズン毎にある海域から特定の河川へ上がって来る回游魚を追って来るらしいことから推して、ことによるとモササウルスではないかと思います。

モササウルスは正確にはグループ名で、白亜紀前半期に海中へ進出したオオトカゲ系の動物たちの総称。前半期にあらわれたものはアイギアロサウルス、ドリコサウルスなどで、小型でもあり、海中生活への適応も充分ではなかった。白亜紀の後期に及んで巨大化したものがあらわれて来ました。代表種はティロサウルスでしょう。九メートルを越え、足は四本ともひれ形になって泳ぐのに適し、鼻の孔《あな》は海水が流れ込むのを防ぐために鼻先から頭の頂きに移っています。尾は長大になり、縦に平たく、遊泳用に変化し、胴体は太く真っ直ぐでも、その尾だけで水中を奔進《ほんしん》することが出来ました。その口もすごくて、下顎《かがく》に関節が二つある。まず口を開けてから、さらにもっと大きく、グワーッと開き広げることが出来たのです。歯も大きく鋭く、たくさんありました。

ティロサウルスのほかにクリダステスというのもあり、どちらもモササウルス類であります。これは三メートル大でありますが、〝背びれ〟がうねうねってていたから、そこだけ出して泳いでいたら、いくつかのコブに見えたかも知れません。大きいほうのティロサウルスの、〝背びれ〟は三角形のものすごいギザギザの行列が尾の先まで続いていました。体にもコブコブがあって、まったくのところ大怪物だといっていいでしょう。

その巨口をグワーッと開いて大きな魚でも食い、洋上にズザザーッと躍り出したりしたことは疑いありませんが、このティロサウルスも小さいほうのクリダステスも、恐ろしく好戦的で、ウミガメも食うし、イクチオサウルスやプレシオサウルスのような大物にも飛びかかり、食らいついたらしい。さながら、巨鯨を狙うシャチや、ディプロドクスを襲撃するアロサウルスのような案配《あんばい》です。自分と同大か、もっと大きいものに襲いかかるのはよほど獰猛なんです。現にティロサウルスの骨にはさまざまな傷がついており、顎骨《がっこつ》、肋骨《あばらほね》が骨折している例もあるのです。

こんな奴が現代まで生き残ったとすると、よほど適応力があったのです。彼らはもっぱら魚群だけを狙うように変化し、その魚のうちでも、常に大群で移動している回游魚のあとについて行けば食いはぐれがないことを学習し、ポトマック川の上流で産卵し、仔が湾内や外洋でも生活出来るようになるまで、その水域にとどまっているのでしょう。その流域地方にいろいろなＵＭＡがいるような風聞《ふうぶん》が絶えないのは、こうした母子のティロサウルスたちの滞在や、往来していることが関係しているのだと思われます。

ハーキンマー

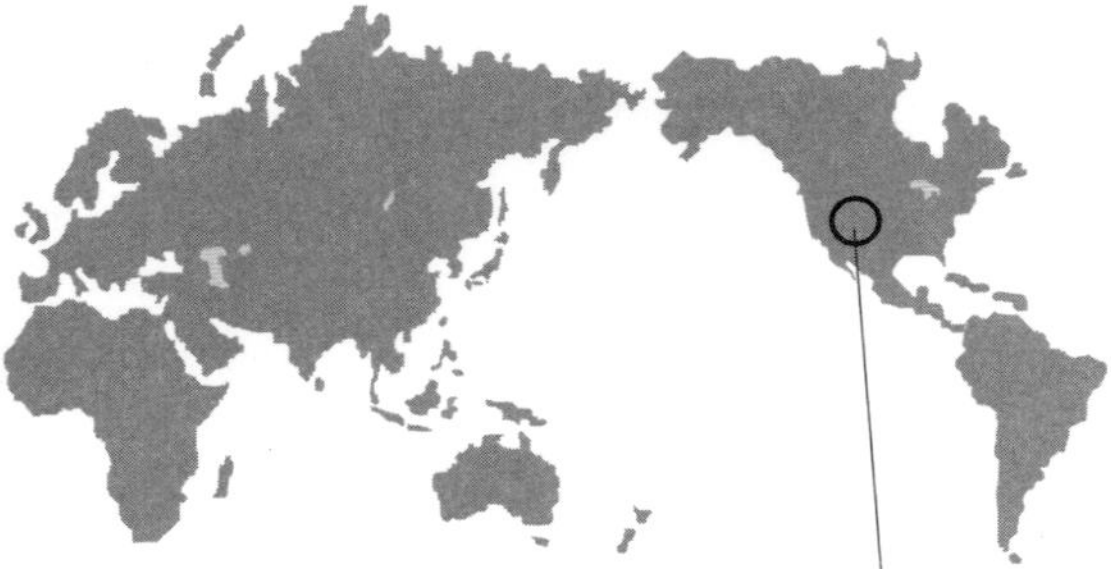

●出没地
アメリカ（モンタナ州のポーソンにあるフラットヘッド湖）

●タイプ
カモハシ恐龍型

●大きさ
水の上に出ていた部分（上半身）が7〜8メートル

UMA
EMA

だいぶ出来すぎのハーキンマー

一九六八年八月のことです。
――米モンタナ州ポーソンにあるフラットヘッド湖畔では、ハーキンマー出現の噂が高く、見たか、見たとも、きいたか、きいたか、きいたぞ、聞いたぞという騒ぎが続くというので、保安官ジーグラー氏が、自分の目で確かめようとした。ジーグラー氏は、妻子ともどもフラットヘッド湖畔の小屋に立てこもり、湖面をにらんで暮らすことになった。待つや久し、三日目の夜になって、船着き場から大波が起こり、岸や小屋にドーッ、ドーッと打ち寄せはじめた。外へ飛び出してジーグラー氏が差し向けた懐中電燈の光のなかに見たものは……船着き場の突端にズイ、ズイ、ゴシッと体をこすりつけている巨大な動物の姿だった。体をこすりつけるたびに、起こった波が、ザアッ、ザアッと押し寄せていたのだ。

「こ、こいつが、ハーキンマーか!?」

ジーグラー氏は空手ではとてもかけ向かえず、小屋に取って返し、銃を引っつかんで来た。その間、ジーグラー夫人とその子供は、恐いもの見たさに、小屋の外に立って見つめていた。

ところがこの二人に向かって、水滴をしたたらせながら、そのものの顔が、ヌウーッ、と近づいて来た！　首は長く、水中にある体はまだ動かしていなかった。顔は特別大きな水鳥のようで、口も平たい嘴状《くちばし》であった。

二人は、ひえーっ、わあぁーっ、と悲鳴の二重唱を挙げた。かけ戻って来たジーグラー氏はぶっ放した。命中したかどうかわからない、とあとになってジーグラー氏はいったそうだが、そのものは船着き場の杭《くい》を没するほどの高波を巻き起こして逃げて行った。それならどこかに弾丸《たま》が当たったのだろう――。

このようにしてフラットヘッド湖に怪物、誰がつけたか、ハーキンマーという奴が住んでいることが確かめられました。水の上に出ている部分だけで七～八メートルはあったといわれます。ジーグラー氏の夫人か子供は、確かに食われるところだったのだ、という評判でした。

一九六九年頃のある外国雑誌に、恐らくこの事件におけるジーグラー一家の談話をもとにして書かれた記事が出ました。その記事に「写真」が添えられています。ジーグラー一家もそれを見た人も、そこに写されている動物はトラコドン（コリソサウルス）であろうといいました。私も科学ライター斎藤守弘さんの『サイエンス・ノンフィクション』で、その「写真」を見た時そう思いました。しかし、あんまりうまく撮《と》れすぎています。コリソサウルスにそっくりすぎます。しかも、マンガ的なコリソサウルスに、です。コリソサウルスのたぐいは一般にカモ龍とか、カモハシ恐龍と呼ばれるのですが、口が嘴《くちばし》状に突き出しているというまでで、くっきりと別に「嘴《くちばし》」という部分がついているのではないのです。それを、「嘴《くちばし》」を口の部分に嵌《は》めたみたいに塗り分けています。マンガ的だ、恐龍を正確には知らない素人の仕事だ、と私は思いました。斎藤守弘さんのハーキンマーの「写真」の解説にも、「合成写真か?」と疑問符がついています。

「合成写真」の作者が、もう一つ観察力不足だと思われるのは、このハーキンマーの頭に「トサカ」がついていないことです。コリソサウルス(コリトサウルス)の頭にはヒクイドリによく似た長半円形の角冠《かくかん》がついているのが特徴でした。コリソサウルスの角冠《かくかん》の内部には、鼻面の先端(つまり嘴《くちばし》状に尖ったところから少し下がった部分)にある鼻孔から、ノドの背がわにまでつながる、かなり込み入った呼吸管が、網の目のように走っています。

もっとも、「合成写真」の作者はハーキンマーの正体がコリソサウルスだよ、といっているわけではないのですから、私の批判は見当違いかも知れません。そこで、UMAであるハーキンマーの正体はコリソサウルスを含めて、カモハシ恐龍(ハドロサウルス類)だと仮定します。浅い湖を徒渉《としょう》したり、船着き場に体をこすりつけたり、体を前に倒してカモのように泳いだりするのなら、少なくともカモハシ恐龍の仲間ではあると思われるからです。そう仮定すれば、カモハシ恐龍の仲間には、頭に「トサカ」のないアナトサウルスやエドモントサウルスも多く含まれています。嘴《くちばし》状の口で水草や陸上の硬《かた》い草や木の葉を咬み取って食べていたのです。

ほかに武器はないし、獰猛でもないから、アロサウルスやティラノサウルスに対しては、どろどろの沼地や水中に逃れて、その害を免れていました。アロサウルスたちも水中に躍り込んで、泳いで追撃することは、足の構造から考えて、出来たと思われるから、「それくらいの消極的な手段で、充分子孫を保つことが出来たのかいな?」と疑問に思いますけれども、化石の数がそれに答えています。ハドロサウルス類の恐龍は個体数も種類も大変多かったのです。ライオンに対するレイヨウ類のようなものです。

そこで角冠《かくかん》のなかったエドモントサウルスやアナトサウルスのあとから、チンタオサウルス、パラサウロロフス、ランベオサウルスなどという、種々さまざまな角冠《かくかん》を持ったハドロサウルス類が展開し、繁栄したのです。その千態万様の角冠《かくかん》はなんのためにそれほど発達したのか? というので、武器ではない、水中に体を沈めた時のシュノーケルだったのだろう……、角のなかに空気を溜めておく貯蔵タンクに相違ない……。ノー、水中にいる時、水が肺に入って来てしまうのを防ぐエアロックだったのじゃ。イヤイヤ、海中における塩分排出装置として機能したのであろう……。そんな難しい器官ではない、陸上で使う嗅覚をよくす

パラサウロロフス

るための通路であった、なんのなんの、ヒクイドリ風に、肉食恐龍の襲撃から森林のなかを逃げる時、木の枝を左右にかきわけるためのものじゃよ……。

まさに諸子《しょし》横議《おうぎ》、甲論《こうろん》乙駁《おっぱく》の賑やかさですが、なんと、まだあるのです。それがかなり決定的で賛成者を集めました。ハドロサウルス類のさまざまな形の角冠《かくかん》は、メス、オスの見分けや、発声に関するもので、相互の信号装置だったというのですな。この説が、ディスプレイ、コートシップなどに関心が集まっている時でもあったので、多くの学者をうなずかせたようなのです。

この相互信号説にちなんで考えると、ハーキンマーの正体と思われるコリソサウルス（トラコドン）についても、次のようなことに気がつきます。ハーキンマーはフラットヘッド湖に一頭しかいないはずはありません。もし、「合成写真」に撮られたのがメスだから角冠《かくかん》がないと仮定すると、オスもいるはずです。

米ペンシルヴァニア大学のＰ・ドッドスン博士は、「コリソサウルス・インターメディウスと、コリソサウルス・カスアリウスというのは、二種類のコリソサウルスとされていたが、実はメスとオスであった。一種類であった」と指摘しました。プロケネオサウルスと呼ばれたコリソサウルスの一種などは、そのほかに四種もいると認められていました。しかし、これもすべてメスか、幼体であったということがわかりました。こうして博士は七タイプのコリソサウルスを一タイプに減らしてしまったのです。

減らした結果、そのコリソサウルスたちが住んでいた地域、カナダのアルバータ州のオールドマン層において、同一種族のコリソサウルスが、何世紀にもわたって住んでいた、という推理が成り立つことになります。このことはまさしくコリソサウルスに近い仲間であるマイアサウラにおいて発見されたような、愛情細やかな母子関係、集団巣をいとなんで食物を運び子供たちを育てるという光景が、その地方でも行なわれていたことを証明したわけであります。おそらく、米モンタナ州のフラットヘッド湖でも、そうだったに違いありません。

ルスカ

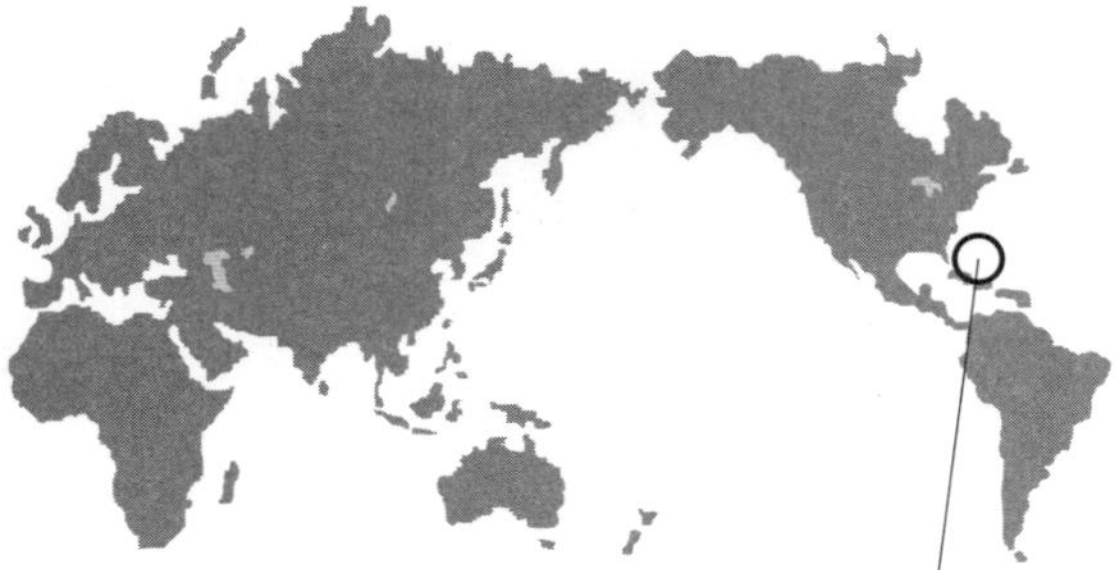

●出没地
バハマ諸島（アンドロス島海底にあるブルーホールと呼ばれる洞窟）

●タイプ
超巨大タコ

●大きさ
触手だけで30メートル

UMA

EMA

バハマ諸島の海底に住むルスカとは何か？

一九五〇年の末、カナダ人の化学者J・ベンジャミンが、バハマ諸島・アンドロス島の海底にある、ブルーホールと呼ばれる洞窟へ、潜《もぐ》る準備をしていました。するとベンジャミンをその船から、飛び込む海域まで案内したガイドが、今さら余計なことをいいました。

「お気をつけなせえよ。こないだ、私の知ってる船が、このブルーホールの上の海域まで流されて来た時、ルスカが長《な》んがい腕を伸ばして、それを呑んじまったんで」

ベンジャミンは信じようともせず、「嘘をつきやあがれ」と笑って水に潜りました。その船が実際にあったことは本当だ、とわかりました。ベンジャミンの潜った海底に、半ば埋まって、ガイドのいった通りの形や大きさを持った船が沈んでいたからです。どのくらいの大きさの船であろうが、それを〝呑んじまう〟海の生物がいるはずはない。しかしもしかすると、乗っていた人たちは、食《や》られたかも知れない……。

ガイドという職種についている人のなかには、往々《おうおう》にして、お客を面白がらせようと思って、ホラ話、あるいは誇張した話をする人がいます。同じくカナダのブルース・ライトという動物学者に向かって、ある黒人のガイドも「半分はタコで、半分は龍《ドラゴン》で、でっかくて、恐ろしく危険なルスカというものが、バハマ諸島の海底洞窟によくいる」という話をしたそうです。

ライト自身も、こういう経験を持っていました。一九四二年頃、バハマ諸島海底のブルーホールで、ライトは海兵隊の訓練をしていました。海中を群泳していた多くの魚が、アッという間に消失し、コバンザメがあらわれ、潜水中の海兵隊員たちは、洞窟のほうから来る猛烈な水流を感じて、煽《あお》り上げられそうになったのです。

ライトはこの体験を、「巨大なタコが、漏斗《ろうと》管から勢いよく海水を噴《ふ》き出し、その反動で移動していたに違いない」というのです。もし、そうだったら大変です。その巨大ダコが漏《ろう》斗《と》から水を放出して、泳ぐたんびに、そのへんにいる魚やダイバーたちは吹っ飛ばされなければなりません。いったい、どれほど大きいタコなのでしょう⁉　それに、カバほどあるタコがいたとしたって、船を〝呑んじまう〟ことは出来ないし、コバンザメという魚は頭の上に小判形の吸盤があって魚、ウミガメ、船などに吸いついている魚でして、タコには寄らないはずだし、単独で泳いでいることもほとんどないのです。

いずれにしろこのバハマ諸島の海底は、ルスカというUMAの〝繁殖センター〟らしく、古くは一九五六年に、「腕の長さが二十三メートルもある頭足類がこの諸島海底にいる」という報告がウッドという学者に向かってなされていました。それは海底に何本かの腕で吸着し、一本の腕を海上に出すというのですが、これはどうも、古典的なエリック・ポントピダンのグレイト・シー・サーペントの正体が、大ダコか大イカの一本の腕だという話に、証拠を示してやろうとする好意？　のように思われてなりません。タコもイカもそんな浅い海底にいたとしても、腕（触手《しょくしゅ》、触腕《しょくわん》）を一本だけ、ニュウッと海上に突き出すなんていうことはしないのです。

さらに、チャールス・バーリッツは「霊長類の顔とヘビの首を持ったルスカという怪獣」の名を挙げている。チャールス・バーリッツといったら、かのベストセラー『魔の三角海域《バミューダ・トライアングル》』で多くの人々の頭に血を昇らせた作家ですからたまりません。一九一八年に起こったサイクロップス号の消失が、巨大ダコのしわざということにされてしまいました。多くの人々の意識は、いぜんセンセーショナル好みで、〝ホラ吹き大僧正《だいそうじょう》〟エリック・ポントピダンや〝嘘つき作家〟シモン・ド・モンフォールの時代から、ほとんど変わっていなかったのです。

ポントピダン大僧正《だいそうじょう》は大帆船より大きい海の怪獣シー・サーペント、モンフォールは軍艦も汽船も海中に引きずり込む大イカ、クラーケンの大ボラ話で、それぞれ有名な人です。三十年ほど前までは、大ウミヘビ、クラーケン、大イカ、大ダコの話というと、必ず、このお

ポントピダンのシーサーペント

二方の名前を引用しなければ、おのれを権威づけることは出来なかったものです。想像力のありたけを尽くして、大ダコの恐ろしさを描写した文豪ユーゴーの影響も大きかった。それは海洋探険家のジャック・イヴ・クーストーも、未知動物学者のバルロア博士も、生物学者のイーゴリ・アキームシキン博士も、言及せずにいられなかったほどのものでした。

バルロア博士は、一八九六年に米フロリダ州のセント・オーガスチン近くのアナスタシア海岸で、コールズとコレッターという二人の少年が発見した、巨大怪異な漂着物のことを書いています。米イェール大学のアディスン・ヴェリル博士がこれを研究して、頭足類と判定し、「推定体重十八～二十トン、八本の触手はみな三十メートル以上、切断面の直径三十センチ、墨汁嚢《ぼくじゅうのう》のなかに四十～四十八リットルの墨を貯えていたろう」と発表しました。バルロア博士は、このタコをバハマ方面からフロリダ海流によって運ばれて来たルスカの遺体であろうと推定しています。

いったい、そんなばかでかいタコが存在するものでしょうか？　私はダイオウイカならものすごい巨大な奴がいるということを学び、タコは最大とされるミズダコで一～三メートルだと教わっていたので、でんぐり返りそうになりました。アキームシキン博士は「最大のタコは約五メートル。マダコ、ミズダコのなかの亜種には魔王《アポリオン》ダコという恐ろしい名がついて

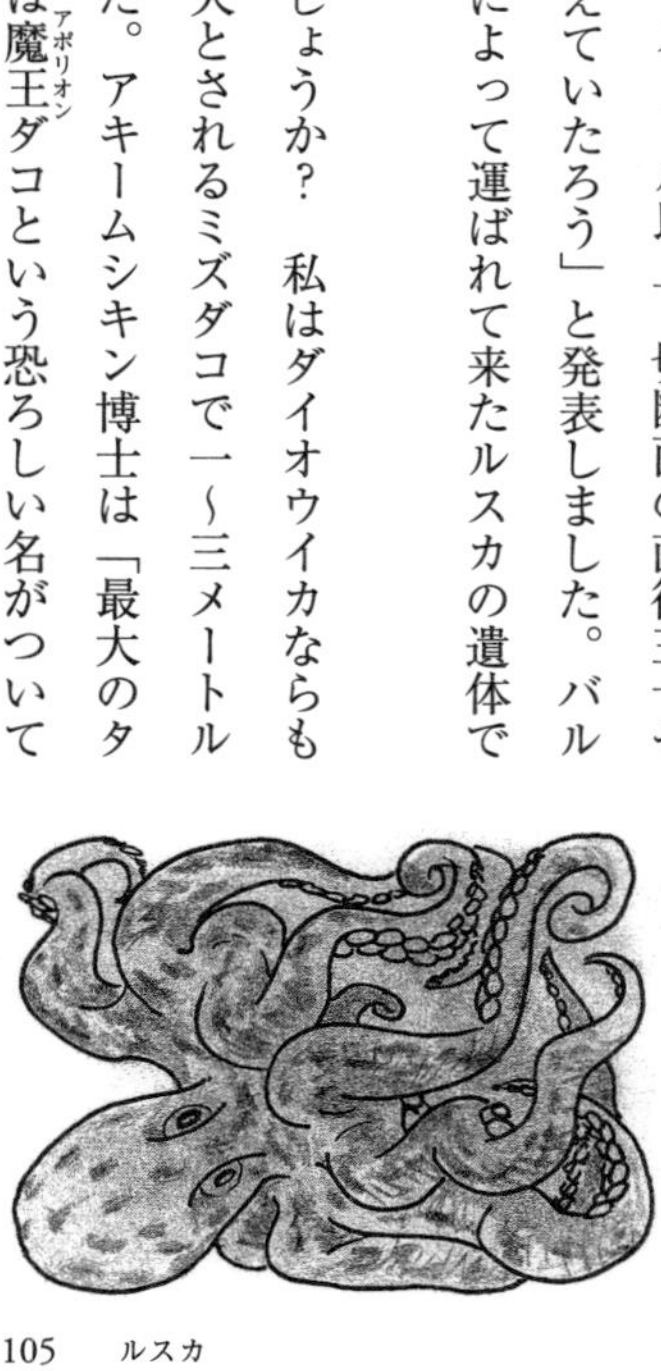
ミズダコ

いるが、力は劣る。三十メートルのタコらしいものが海底に八本の腕を広げているのをアメリカ空軍の飛行士が海上から見た例があるが、それはおそらくネレオチスという海藻であろう」といっているのです。そこで私はそれを信じていました。

しかし、カリプソ号に乗って世界各地の海に潜ったジャック・イヴ・クーストーは、シアトル市の沖合いで、腕を広げると四～六メートルもあったタコと〝友情〟を結んだのです。体重六十キロはありました。「経験を積んだダイバーならそれくらいのタコを取り扱えることがわかった」といっています。戦ったの殺したのというのではありません。ただし四～六メートルというのは八本の腕を開いた端から端までのサイズです。一本の腕のつけ根から端までのサイズではありません。クーストーも、まだルスカには遭っていないのです。それならその夕コの腕は一本の長さが三メートルくらいでしょう。その十倍もある超大ダコがバハマ海域に潜んでいることを私はまだ信じかねて、なお諸記録のなかを彷徨し続けました。

私が六メートル以上のタコの存在をなかなか信じられなかった根拠の一つは、アキームシキンが「マダコの寿命はおそらく二～三年であろう」といっていることです。タコの養殖について書いた記事にも、「タコは非常に成長が早いが、寿命は短く、数年経つと死なないにしても売物にならん、食べられない」と書いてありました。もし十～二十メートル以上のタコがあれば、卵や赤ん坊の頃から、よっぽど大きくなければそんな巨大さには達しないでしょう。卵も幼ダコもはじめから大きくて、寿命も長い未知の大ダコがバハマ海底その他にいるのであろうか?

そしてようやく、私は『動物界の驚異と神秘』という豪華本を思い出しました。あんまりグラフィックで内容も充実しているので、一九六六年以降、当分の間、学習雑誌の編集長が、ああいうものをつくれ、つくれとそればっかりいうため、編集者たちの恨みの的になったという本。そのなかにマイロン・スターンズのタコについての記述があります。改めて読み直してみますと、スターンズ氏は、クジラ(たぶんマッコウクジラ)がイカばかりではなく、タコをも食べているということを明らかにしていました。そのなかに、「あるクジラの胃のなかで発見されたタコの触手で、十五メートルの長さのものがあったといわれている。そこから推定すると、そのタコは全長なんと三十三メートルを越えることになる」とありました。

こんな風にして、ようやく私は信ずるに足る資料に行き当たりました。全長三十三メートルとすると、そのタコの触手は十中八九は十五メートル以上はあったはずです。タコの体は、触手(足)よりは短いからです。このタコの種類をスターンズ氏は明記していません。寿命も推定していない。が、どうやらルスカは実在したのです。

南米のゾウ

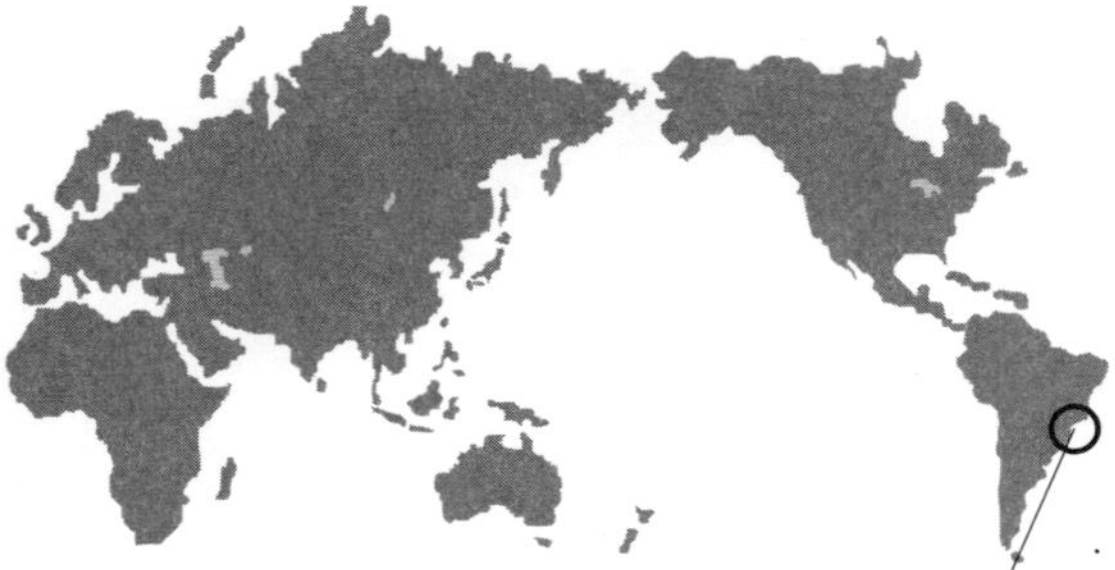

●出没地
ブラジル（サントス）

●タイプ
古代ゾウ型

●大きさ
体高約3メートル40センチ

UMA
EMA

南米にゾウが住んでいるなんて、まさか！

私は若い頃、ブラジルに住んでいました。ざっと七年間。その間に〝三十五メートルのアナコンダ〟をはじめ、クルピーラとか、サシーとか、ロビズオーメンとか、さまざまな信じられない怪動物や妖怪の話を聞きました。しかし〝サントスのゾウ〟という噂くらい、幻想的な話はありませんでした。

サントスはブラジルの首都だったサンパウロの外港です。サントスからサンパウロへ行くには少しも大変ではなく、汽車でもバスでも半日で達します。そのため、しょっちゅうこの二カ所を往来していた私も東京と横浜くらいの感じで見すごしていたのですが、バスにしても登山バスのようで、途中はずいぶん険しい深山幽谷を越えてゆくのです。その山や崖をおおうものは千古の大密林といってもおかしくはなく、ほとんど人も住んでいません。

そのなかにインジオ（インディアン）が住んでいるとか、パカやオセロットがいるというのなら、ああそうかいと信じてもいい。だが、そこにものもあろうに、ゾウが住んでいるというのです。サンパウロにいる在日二世の青年が、誰かから聞いたといって私に話したので

UMA

EMA

す。しかも少数ながら野生のゾウだという。昔からいるという。インジオが保護しているのだという。

日本人なら誰だって、ばかいえ、サーカスのゾウが逃げたんだろう、ぐらいの話です。しかしどんなに富裕で呑気なサーカス団だって、逃げたゾウがそんな山岳地帯の密林へ行ってしまうのに、追跡しないはずはありません。私も一度「メンチーラ（嘘つけ）！」といってから、はてな、と考えました。こういう言い伝えを、メンチーラと一蹴するのはおろかものでもすることです。一応本当だとして、そんならどういう由来を考えたら本当であり得るかと問いかけてみるべきだからです。

昔、ブラジルは王国でした。ドン・ジョン二世、三世という国王がポルトガルから来て治めていました。王家といえばゾウくらい飼っていたかも知れません。革命が起こって民主制の合衆国になるまで、ドサクサもあったはずです。それにまぎれてゾウが逃げ出します。そのゾウに愛着している老ゾウ使いがいて、ゾウにつき添って、サントスの山岳地帯に逃れました。それがつがいの二頭のゾウであったとしたら？

そのような空想をめぐらせば、小説にはなりますが、そんな〝飼いゾウの子孫〟ではありません。本当の野ゾウだというのです。すると、南米にもゾウが分布していた、その最後の数頭だということになります。まさか！　その上、野生なら、アフリカゾウでもインドゾウでも、やって来るのにはあまりにも遠すぎます。北米大陸にはたくさんのゾウがいました。有史以前から繁栄していて、南米へも渡来したゾウといえばマストドンだ！　まさか！

だが、マストドンの全盛期は中新世――二千万年前というとてつもない太古でしたが、化石発見史をたどると、明らかにアフリカからヨーロッパへ、アラスカを経て北米に展開し、「マストドンはアメリカゾウといってもいい」くらい増えたのです。ある地方へやって来る距離が遠いことなんか問題ではないのです。太古ゾウたちは〝時〟という味方を持っていたのです。そしてパナマ地峡を越えて、マストドンは南米にも広がったことが、化石によって確かめられているではないか？　そこまでわかったら、あとは、その〝南米マストドン〟が有史以後まで生存したか？　そして人類と接触したか？　という問題です。

マストドン系のゾウは北米だけで九種にも増えていました。そのなかで南米に進出したものはジョルジュ・キュヴィエの名を冠して、クヴィエロニウスと呼ばれ、そのなかのあるものはアルゼンチンからさえ化石が出ています。これにはノティオマストドン・カブレラという学名がつけられました。どちらも最新世の地層から化石が出土しているから、およそ今から六千年前まではいたわけです。

南米のマストドンたちは頭部がやや現代ゾウに似ていたから、山林で目撃しても、アフリカゾウやインドゾウではない、とは思えなかったかも知れません。牙はほとんど螺旋状とい

UMA

EMA

ってもいいくらい、外上方に曲がっていました。下顎《かがく》は短く、瘤歯《りゅうし》で、牙に琺瑯壁《エナメルへき》を持っているものと、持たないものとがありました。木々の茂った低地に生活し、木の枝や葉を鼻で取っては食っていました。体長は四メートル六十センチくらい、肩の高さ三メートル四十センチというところで、決して巨象とはいえませんでした。

そこで、南米マストドンが六千年前までは生存していたとしますと、人類はいわゆる中石器時代で、紀元前九千年前からすでにいたのですから、むろん南米でもマストドンゾウは人類と交渉があったに違いありません。それはインジオか？　インカ人か？　アステカ人か？　それらのどれでもあり得るし、古代の南米にはまだ公認されていませんが、インジオより古い別の原始人もいたらしいのです。それらの人類は、北米では忽ちマストドンたちと敵対し、狩り立てました。これは現代ゾウ（エレファス）に分類されているが、帝王ゾウ（アルキディスコドン・インペラートル）も、インディアンに滅ぼされました。南米ではどうだったろう？　やはり忽ちのうちに狩られ、肉や皮や象牙を狙われて絶滅に瀕したのだろうか？

私はそれもあったろうと思います。しかしマストドンは「寒冷な生活に適応していた」といいます。それが南米の炎熱烈しい気候に、充分再適応しかねて、北米のように繁栄は出来なかったというケースも考えられます。南米マストドンがアマゾニアなどの大自然界を征覇するほどには成功せず、少数だったとします。すると、接触した人類は、これを獲物とは見ず、神獣視した場合も考えられるのではないか?

たとえば、紀元前にインド↓フェニキア↓シリア↓ユデアのラインで、インドクジャクがギリシャに入り、飼育されました。そして尾の「孔雀紋」が星のように輝くので、偶像崇拝の対象となり、アスタルテ女神やヘーラー女神の聖鳥にされました。これも飼育が難しく、数が少なかったからです。

新しいところでは一九二六年頃、アーモンド・デニス(のちにテレビドキュメント番組『サファリ』で有名になった動物カメラマン)は、ジェイクと名づけたゾウガメを連れて、バリ島へ行き、映画撮影にかかりました。すると、囲いのなかに入れておいたゾウガメに、バリ島の男女、特に若い女たちが次々とバナナやパンの実を供えて、拝みに来るようになりました。まるで〝ジェイク教のはじめ〟でした。デニスによると、インド系であるバリ人の動物崇拝の対象には、カメも入っていました。しかもバリ島にはカメがいません。その上、ジェイクはゾウガメだから巨大です。これだけの条件が揃ったので、ジェイクは〝神様〟になった、というのです。その動物を聖なるものと見ることは、飼育化することを妨げるものではありません。

古代南米人はマストドンを〝インドの白象《はくぞう》〟のように扱ったのではないか(古来、インドではゾウのなかではごく珍しい白いゾウを崇拝し、インドラ神の乗りもの、クリシュナ神の左右にはべるものとされた。ことに王家では〝白象《はくぞう》〟を特別の象舎で飼い、真紅の絹紐をつけ、大きな羽扇で煽ぎ、蚊帳をかけて安眠出来るようにし、ジャスミンの香り豊かな水をかけて洗う、王と王子しか乗れない、〝白象《はくぞう》〟の所有権を争って戦争をした王たちもあるという有様であった）？　南米マストドンも、それが少数だったからこそ、神聖なものとされたのではないか？

『世界動物史』を書いたヘルベルト・ヴェントは以下のように述べています。

――中央アメリカと南アメリカの山地には、長鼻類のうちでまったく別のグループの最後の種、マストドンが、マヤ文明の時代まで住んでいた。マヤのコパン市の神殿の石柱には、中央アメリカのゾウ使いが乗った二頭のマストドンが描かれている――。

そうして、ヴェントはその石柱にある彫刻の図を掲げ、「大いに問題になったマヤの彫刻。これはコパンの寺院にある石柱Bである。アメリカには本物のゾウがいなかったのだから、人が乗っている二匹の厚皮獣は、飼いならされたマストドンだったかも知れない」とコメントしています。

さらに、異星人の地球訪問というテーマで多くのベストセラーを出したエリッヒ・フォン・デニケン（この人の著書はどうも主観が強すぎて反発が多く、うっかりこの人の説を引用すると、信用にかかわる恐れがあるのですが）は、南米にもあるピラミッドの一つを描いた黄金板を我々に示します。インカ時代のものだそうです。その頃はもう中南米にゾウと名のつくものは（マストドンも）いなかったはずですが、その黄金板には小さな可愛いゾウの略画が彫りつけられているのです。レンガを積み上げた三角形のピラミッドの上にヘビが、左右にジャガーと思われるネコ科動物が、そしてピラミッドの左右の裾に——円板の両隅に、ゾウが小さく彫り込まれているのです。この黄金板はインカ人に、かつてゾウがいたという記憶があったことを示すものだろうか？　そしてマヤのコパンの寺院にある一対の〝飼育マストドン？〟は〝現役〟の聖なるゾウをあらわしているのだろうか？

それを認めるのだって、南米に野生ゾウなんかいるものか、という常識を持った普通の人々には難しいでしょう。それなのに、サンパウロで私の聞いた噂が万一、本当ならば、マストドンの子孫は、二つの大都会をつなぐ鉄道、ハイウェイ、バス道路の通じている深山幽谷の密林中に、今でもいることになるのです。

タセク・ベラ湖の大蛇

●出没地
マレー半島（スンゲイ河上流にあるタセク・ベラ湖）
●タイプ
アパトサウルス型・角有り
●大きさ
水の上に出ていた部分（首部）が約5メートル

UMA

EMA

タセク・ベラ湖の〝大蛇の吠哮〟

第二次世界大戦の中頃から終戦へかけて、イギリスの青年民族学者スチュアート・ウェーバーが次のような体験をした……というところから、この「タセク・ベラ湖の大蛇」にまつわるノンフィクションははじまります。

――ウェーバーが志願して加わったマレーの戦線では、半島北部から日本軍が激流のような勢いで南下して来るので、英軍は南へ南へと退陣していた。その退軍もはじめはかなりのんびりしたものだったから、ウェーバーはマレー原住民・セメライ族のだれかれと接触し、民間説話や民謡を採集する暇があった。そうした野営地で、ウェーバーは初めてその名を聞いたのだ――タセク・ベラ湖の大蛇。

それは巨大で、頭に二本の小さな角があり、今でもタセク・ベラ湖に姿を見せるというので、ウェーバーは仰天します。伝説の取材をしているつもりだったのに、〝今でも〟だって？マレー人は「今でもだ」と断言し、問われるままにタセク・ベラ湖はスンゲイという河《かわ》の上流にあり、枯木かイバラのような木ばかりの林や、沼沢や、大密林に囲まれていて、マレー人もめったに近づけないということを語りました。

次の機会、それは第一回はウェーバーの乗っていた偵察機が密林近くに不時着した時、二回目は負傷兵を運んだ時の二度にわたって、ウェーバーはタセク・ベラ湖を上から見ることが出来ました。シンガポールが陥落し（一九四二年）、ウェーバーもほかの英兵とともに日本軍の捕虜になりました。その間も、イギリスからの手紙や慰問品を受け取ることは出来ました。送られた品物のなかに民族学雑誌が入っていて、ウェーバーはそれによってクメール民族の信仰や用語がセメライ族にも混入していることを知ったのです。特にそのなかの龍蛇《アナンタ》信仰、蛇神崇拝が、タセク・ベラ湖の大蛇と関係があるのではないか、と考えます。

大戦が終わり、マレーのイギリス人は本国へ引き上げましたが、ウェーバーはマレーにとどまって、〝インディ・ジョーンズ的な冒険生活〟に入ります。つまりタセク・ベラ湖への探訪ですが、その直接のきっかけになったのは、次の二つの話でした。一つはマレー警察隊の、タセク・ベラ地方を管区としている一人の将校の体験です。ただしタセク・ベラ湖で体験したとは記《しる》していません。タンジョン・ケルインからほど遠からぬ岬の陰にカヌーをつないで、泳いでいる時、とあります。

――しばらくそのスイミングを楽しんでから、ふと後方を振り返って、それを見た……。

背後四十メートルくらい隔たった水上に、大きな動物の頭と思われるものが突き立っている。

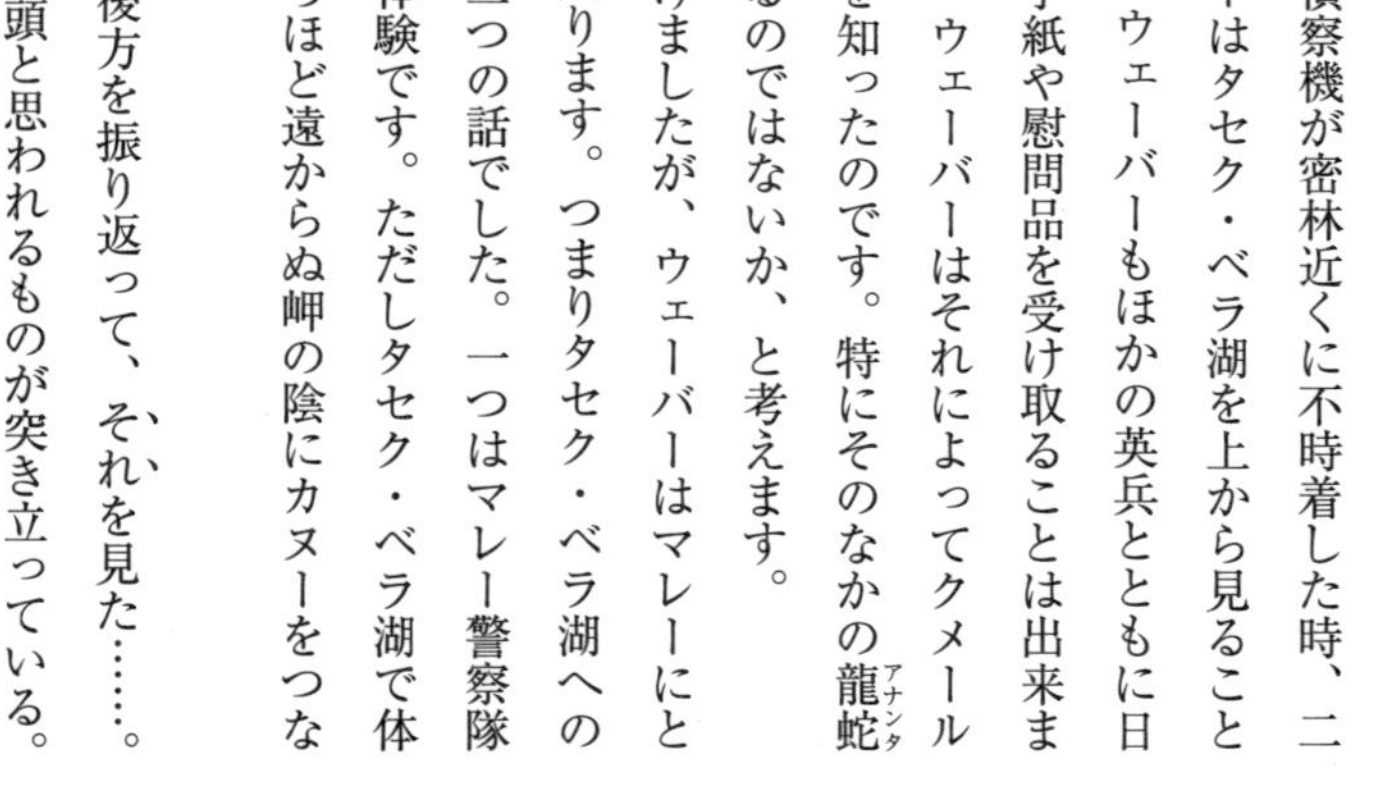

龍蛇《アナンタ》

水面からその頭まで五メートルもあった。柱の上に大きなものが乗せてある、という印象であった。その首の下から、水に浸ったあたりは、急に太くなっていた。そこから下が胴体だと思われた。だとするとすこぶる大きいことになる。色はスレート色、肌はわりあいなめらかだった。その向こうの水面に、同じスレート色の小山が二個、浮いていた。それはそいつの背か、尾の一部らしかった。将校は、震え上がって泳ぎ出し、死にもの狂いでカヌーを目指したが、カヌーにたどりついてから見ると、奴は別に追っかけて来てはいなかった。それでも恐ろしくて逃げずにいられなかった。怪物は静止したまま、ただ見送っていたらしい——。

右記がウェーバーの耳にした第一の遭遇談で、タンジョン・ケルインはタセク・ベラ湖からスンゲイ河でつながっていて、「大蛇」が出て来ようとすれば、来られぬことはないというのでした。

第二の遭遇談は、「テンベリン河のバロン・ビダイ」と呼ばれる、七つ頭の大龍だといいますから、途方もないのですが、話をした狩猟官H・J・キッチナーは、きわどいところで目撃はしていないのです。

——その日、キッチナーはマレー人にボートを漕がせてその河を渡っていました。前方の水面に、大きな泡がドッと湧くのが見えた。そのとたんにマレー人は、「バ、バロン・ビダイ！」と叫んで、狂気のようにボートを漕ぎはじめ、キッチナーが何を聞いても、怒鳴りつけても聞くまいことか、その水域を、ずっと下流へ遠ざかってしまうまで、漕ぐ手を休めない。「なんでも、七つの頭で、七頭の水牛を一頭ずつ呑んでしまうというのですからな！」とキッチナーは苦笑しながらウェーバーに語った――。

果たして七つ頭の龍蛇《アナンタ》であったかどうか、夥しく水泡が沸き返っただけで、そのものは姿はあらわさなかったのですが、ウェーバーはインド神話にある、大地を支える龍神の物語と関係があるのだろうと思いました。ついに四人のマレー人を雇い、船や食糧武器を積み込んでスンゲイ河を遡《さかのぼ》りはじめたS・ウェーバーの冒険メモは省略。

――雇ったマレー人も、途中々々で取材した河畔の民も、タセク・ベラ湖の大蛇の存在を信じ、しかし決して我々に害は加えない、もし呑まれたり食われた者があれば、それはその人のほうが罪を犯したのだ、と信じていることを知った。直接データとして、「俺は見たぞ」という人はいないかわりに、「声を聞いた」という人は一人以上いました。

「あの大蛇は吠えるのか?!　声を出すヘビ!?」とウェーバーは仰天しました。ヘビに発声器官がないことは申すまでもない……。

しかもその証言は人ごとに違い、「ゾウの吠哮より、やや小さかったな」といった男があった。もう一人は、「シカの鳴き声に似ていた。鋭く、力強い声だった」と証言した。別のもう一人は、「俺が聞いたのは、苦しんでいるような、いやな声だったよ」と語った。しかし、立ち寄った村の村長が語ったことが、最も印象的である。

「わしは湖へ魚捕りに行って、一度だけその吠哮を耳にした。ポア――ッ！　という、耳がどうかなりそうな叫び声だった。続けて、それは頭の芯《しん》がギリギリ疼《うず》くような声に変わった。しばらくして、多くのミズドリが、水を叩いて羽ばたくような、うるさい音が聞こえた……」

というのだ。

それらはそれぞれシカなり、ゾウ、ミズドリの声だったかも知れない。何しろめいめいがそのものの姿は見ていないのだからなんともいえない。そうして、とうとう、タセク・ベラ湖に船を乗り入れ、岸に繋留したウェーバーが耳にしたのは、ギ、ギ、ギ、ギ、ギッ！……というなんともいえぬほど不快な断続音であった。その音のするほうに広がる湖面が、波立ちはじめたように見えた。ウェーバーは「大蛇の声だっ！」と叫んで、テープレコーダーにスイッチを入れたが、怪物は、次に続く声を聞かせてはくれなかった。そのものを、信仰しているはずのマレー人たちは恐怖のあまりパニックに陥り、ここにとどまって調査を続けるのだというウェーバーの命令を聞こうとはしなかった――。

以上のノンフィクションは怪奇実話の大御所、黒沼健さんの『傷つける湖の怪物』によったものです。タセク・ベラ湖の大蛇とは、ニシキヘビなどではなく、「その首の下から、水に浸ったあたりは、急に太くなっていた。そこから下が胴体だと思われた。だとするとすこぶる大きいことになる」とあるように、たぶん長大な首を持つアパトサウルス類の恐龍でしょう。それなら吠哮することもあり得るのですが、その前に、じゃあ彼らが生存していることもあり得るのか？　という大問題があるわけです。

アパトサウルス類が、マレー半島地方に生存している可能性があるとすれば、タセク・ベラ地方は恐龍時代——中生代からこの方、環境条件があまり変わっていないに違いありません。そして、ほかの地方から接近し、潜入することが非常に困難な河川や大密林といった「障壁」が彼らを守っているということになります。それらの条件が備わっていれば、タセク・ベラ地方はアパトサウルス類の〝特別秘密保護区〟になるわけです。

野人《イェレン》

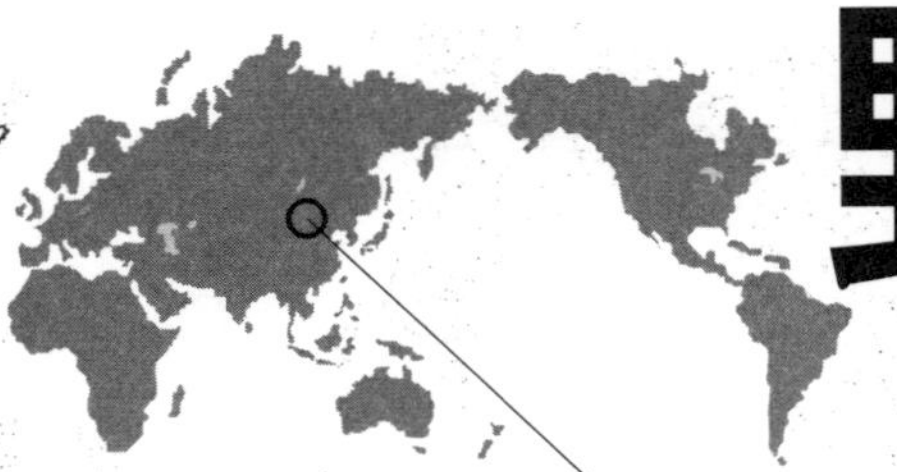

●出没地
中国（湖北省の山地、神農架）
●タイプ
雪男型
●大きさ
人間と同程度～それ以上

野人《イエレン》の話にはほとんど新しさはない

一九八〇年一月に、中国の雲南省の山中から、約百年ぶりに金糸猴《きんしこう》（イボハナザル）という珍猿が発見された、と新華社が伝え、日本の新聞がそのニュースを載せました。私は、嘘おっしゃいと思いました。イボハナザルだったら西安《シーアン》その他の動物園にとっくにいて、百年ぶりなんていうことはないからです。

野人騒動がはじまったのはこの年の三月からで、湖北省の山地、神農架《しんのうか》というところで、尾はなく、立って歩いているが、全身毛でおおわれ、唇が突き出ている野人がいる、という新聞記事がそのはじめでした。このニュースだけでしたら、中国にもヒバゴンや雪男《イエティ》がいるのか、で済んだでしょう。

四月には四川省で「猿人」がいたというニュースがありました。それは全身が毛でおおわれ、四つん這いで歩き、言葉はしゃべれず、一九三八年の夏、一人の婦人が山のなかで二十日間も行方不明になり、帰って来た時は妊娠していて、そして生まれたのが、この「猿人」だとかいうことでした。「猿人」は一九六二年まで存命したそうです。それがなぜか十七年

金糸猴《きんしこう》

後の日本の『北海道新聞』に出たのです。これも特にびっくりニュースではなく、いわゆる野生児《ホモ・フェルス》として、ときどき報道されます。ヒバゴンもそうなのだという一説もあります。九州にある普通の家で、ほとんど四つん這いで歩き、裸で暮らす女の児がいたことだってあります。その異常児は、別にそのお母さんが山男にさらわれ、二十日も行方不明だったのち、妊娠して帰って来た次第ではありません。人をさらって行って妊娠させる怪獣人の話は中国に特有なのです。

その年（一九八〇年）の夏になると、中国科学院と中国共産党湖北省委員会その他が野人の生擒《いけどり》工作に乗り出しました。そして一九七四年以来、野人を見たという証人二百人以上の話をもとに、そのモンタージュを公表します。口が大きく唇は厚く、人間のようだが多毛で、幾分の知能はあり、人を見ると笑う、驚くとアーアーとか、ワワーなどという声を出す、というのです。

その後も野人の毛髪、足跡、住居とみられる洞穴などの調査も行なわれたと報道され、その研究報告や本も書かれました。科学的な感じがするのはそれだけで、ほかはこの中国の野人についての話は、全部中国の古書にしょっちゅうあらわれる「玃猿《かくえん》」「馬化《ばか》」「獼猴《みこう》」「野女《やじょ》」「野婆《やば》」の話の焼き直しなのです。それらの伝説の再話といってもよい。人をさらっていって犯し、または人間に変じて美人のもとへ通い、淫し、弄ぶ妖猿《ばけざる》です。中国科学院の公表したモンタージュ、特に「人を見ると笑う」というところなどは、この妖猿について古来、伝えられている説の繰り返しです。『白猿伝』という有名な作品さえあり、〝大江山の酒呑《しゅてん》童子〟の物語の原材ではないかともいわれています。日本の〝猿神伝説〟や〝狒々退治〟のように、中国ではこのテーマの説話群を、〝猴娃児娘《ホウワルニャン》型故事〟といって、葉蕙均《しょうとくきん》氏の立派な研究論文も出ているほどです。

中国の「野人系妖猿《ばけざる》」は、人間を殺したり食ったりという兇暴なことはあまりしません。その目的とするところはただ〝淫〟の一字。よくいえば人間のなかに自分の子孫を残すことを望んでいるかのように行動します。たとえば玃猿《かくえん》は漢の焦延寿《しょうえんじゅ》の愛妾を盗みますが、そのようにして奪って来た女が子を生めば故郷へ帰してくれます。生まないといつまでも帰してくれないので、その女性も玃猿《かくえん》のようになってしまいます。つまり、野人になってしまうのです。子が生まれると玃猿《かくえん》は母子もろとも引っかかえて父母の家へ運んでゆくのですが、「そのようにして人と猿の間に生まれた子を故郷の家で育てないとその母（猿にさらわれた女）が必ず死ぬので、実家ではそれを恐れてその子を育てます。育った子は多くは楊《よう》という姓になります。今、蜀の西南地方に楊姓が多いのは、みな玃《かく》やそのたぐいの妖猿《ばけざる》族の子孫だからであります」と『捜神記《そうじんき》』の筆者干宝《かんぽう》は、途方もないことを書いています。

玃《かく》はオスばかりなので人間の女をさらうのだが、『神異経《しんいけい》』に書かれている⿰豸周《しゅう》というのは

UMA

EMA

メスの妖猿《ばけざる》で、人間の男を引っ担いで走って行くそうですから、ちょっと、メスゴリラにも出来そうもありません。一九八四年八月七日の『朝日新聞』には、女野人にさらわれ、洞穴のなかで何カ月もなぶりものにされ、逃げ出したとたん洞穴から落ちて死んだ人民解放軍兵士の話が出ています。これなどは猦《しゅう》のしわざとして語られて来たこととそっくりです。

妖猿《ばけざる》と呼ぶのは、これらの怪獣人のオスが、しばしば立派な服装、風采の人間に化けて、江南や陝西の処女を淫侵《いんしん》するからです。このテーマの話では、決まって寧《ねい》先生とか、宋相公《そうしょうこう》とかいう道士、法術使いに退治されてしまいます。これが日本の猿神征伐や狒々退治に似ているのですが、日本では決して法術を使わないで、岩見重太郎や笹野權三郎や宮本武蔵のような武勇すぐれた武士が退治することになっている点では違っています。

ところで馬化《ばか》という妖猿《ばけざる》の場合、かどわかされてその女房にされてしまった女たちは、たいてい一生帰してもらえません。十年も経つとみなその女たちは理性、記憶、抵抗力を失って、自分も猿のようになってしまうと伝えられています。これが「野人の由来」です。

むろん、「そんなばかな。中国に人をさらってゆくような巨大なサルがいるものか」、あるいは「人とサルの間に子は生まれない」という反論があるでしょう。それなら、妖猿《ばけざる》の干渉は抜きにして、次のような話が参考になります。『抱朴子《ほうぼくし》』にある話。

――漢の成帝の時というから紀元前三二～三七年頃のこと、終南山で猟師たちが全身に黒い毛が生え、裸体で生活している女を捕まえた。足の早いこと無類で、大勢で遠巻きにしてやっと捕まえたのだが、その後、女は人間の言葉で身の上を語った。

「私は秦の始皇帝の宮女《きゅうじょ》でした。始皇帝の死後、楚の項羽の軍勢が押し寄せて来たので宮廷から脱出し、さらに秦が滅亡したと聞いては恐ろしくてたまらず、この終南山に逃げ込んでいた。餓死するところだったが一人の白髪の老翁に会い、松の葉や実を食べることを教えられた。最初は口に入れて咬んだだけでも苦くて固くて、食べられたものではなかったが、次第に食べられるようになり、饑渇《きかつ》をおぼえず、寒暑にも平気で耐えられるようになった」

猟師たちはそんなら始皇帝はもう二百年も前の人なのだから、この多毛女は長寿を得た仙女のようなものだと思い、家へ連れ帰って、衣服や食物を与えた。二年ほどで、多毛女は人間生活に戻り、黒い毛も抜け落ちたが、そのかわり急に年をとって、老女になってしまった――。


右の話のうち、松の葉や実を食って生きたというところ、二百年の長寿を得たというあたりは〝文飾《ぶんしょく》〟というものでしょう。しかし松の葉はどんな動物でも食わないくらいですが、松の実のほうは古来仙人の食物とされているので、文飾《ぶんしょく》したにもせよ筋は通っているわけです。しかし仙人の食物ではあり得ても、野人が松の実だけで充分健康に、しかも長寿を保つとは考えられません。やはり松の実というのは、米その他の農作物を食べないで、雑食動物に変化し、野生生活が成り立ったという意味でしょう。そこで、この多毛女を、野生化した人間、自然のなかでの生活に再適応した女、と解釈します。そうすればそこに不合理なところはない〝野人の由来〟が考現されて来るわけです。野人はもし実在するものなら、この多毛女のように、戦乱を避けて自然に帰った人間だと思います。寒ければ毛深くなることもあるし、現実の社会にも、裸体でもちっとも寒くない、という人もいるのです。

ミゴー

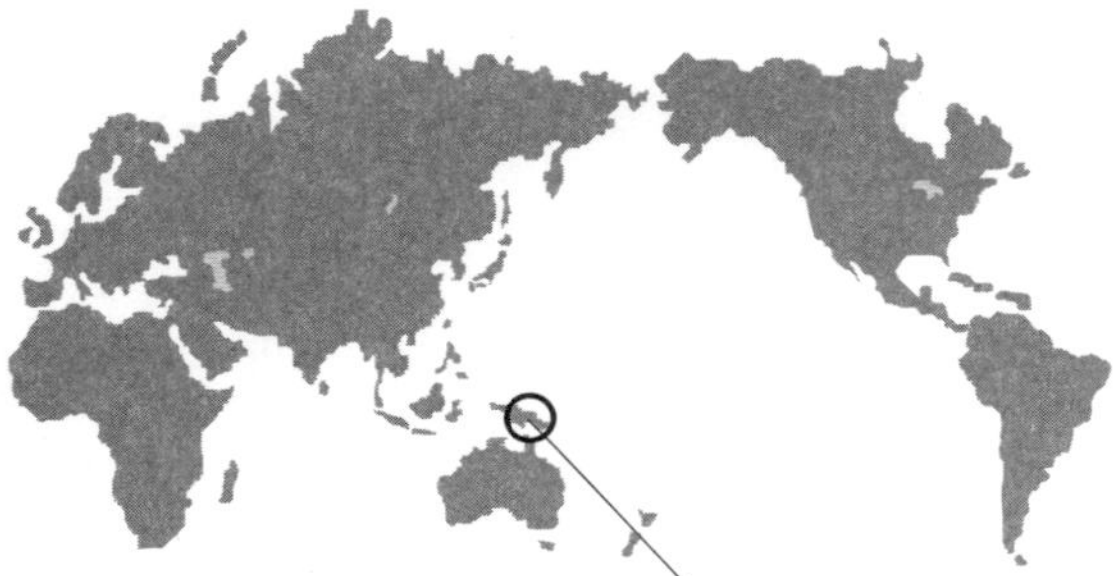

●出没地
パプアニューギニア（ニュー・ブリテン島にあるダカタウワ湖）

●タイプ
海生爬虫類型

●大きさ
10メートル前後

ミゴー——推理の迷走するダカタウワ湖

一九七二年に、パプアニューニギア諸島にあるニュー・ブリテン島へ資源調査に赴いた三重県に住む白井祥平さんという人が、ラバウルで聞いた話です。当時の『毎日新聞』に出ています。ニュー・ブリテン島の西部にタラセアという小都市があります。そこから十五人のニュー・ブリテン人が貿易に来ていました。その人たちから白井さんが通訳を介してその話を聞いたのです。この島から北へ向かって海に突き出しているウイルメッツ半島。その突端にダカタウワという湖水があります。そこに、ミゴーと呼ばれる怪物が出没するというのです。

——ダカタウワ湖には小島が二つあり、ミゴーはその二つの島の間に住んでいる。昼でもよく水面に浮上して来るので、その附近で、ミゴーの姿を見た人は少しも珍しくない。ときどき岸へ這い上がって来ることもある。そして岸近くの苔《こけ》や石をほじくっている。体の長さは、ざっと十メートル前後。頭と首はウマのように長いけれどもウマよりは細い。バラクーダ（カマス）と呼ばれる魚に似た、尖った歯がある。後ろ首にはタテガミがあり、背中はな

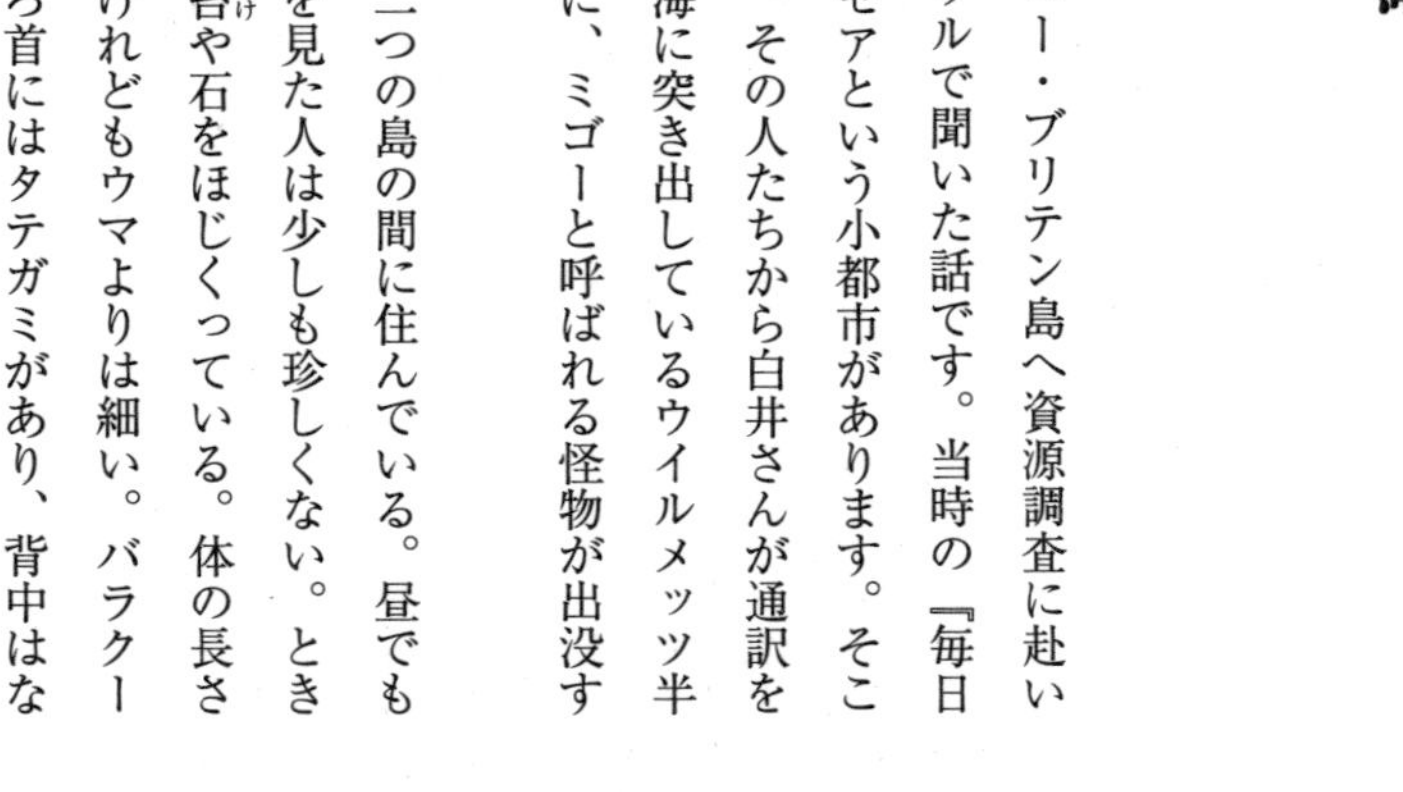
バラクーダ（カマス）

だらかな丘のようである。四肢はウミガメのように平たく、長くはなく、オールのように使うらしい。尾にはワニのようなギザギザがあって先は尖っている。鱗はないらしい。皮膚は灰色がかった茶褐色であるという――。

白井祥平氏の談話による『毎日新聞』の記事にはそのように出ており、氏は「世に怪物の目撃談は数多くあるが、これほどはっきりした目撃談はほかに類がない。特徴、形態などについてのニュー・ブリテン人たちの証言は驚くほど一致する。互いに矛盾する点もない。ぜひとも今年の秋にも、もういっぺん行って確かめ、この目で、正体を探って来たい」と新聞記者に抱負を語っていました。残念なことは、これらは報告者の白井さんが自身の目で見て来たのではないこと、そして、続報が入らないことです。白井さんはニュー・ブリテン島を再訪されたのかどうか、まったく不明です。

そこで、ダカタウワ湖のミゴーというUMAはなんなのだろうかと考えた時に、材料は右記に述べたことしかないわけです。新聞記事には白井さんが現地の人の話をもとに描いたミゴーの図が出ているほか、「プレシオサウルスとモササウルスに類似点が多く、特にモササウルスとは体の特徴や大きさなどがそっくりなので、さらに確信を深めた」とあります。モササウルスは白井さん自身が描かれたミゴーの図とそれほど類似点はないようにも見えますし……モササウルスとプレシオサウルスではずいぶん違います。しかし、このどちらかだろうといわれて、ああそうかと納得出来る人はそれでけっこうです。私は最初、ミゴーがときどき湖から上がって来て、岸近くの苔《こけ》や石を口でほじくるということに、ずいぶんこだわったのです。こんな習性を報告されているUMAはちょっとないのです。

苔《こけ》や石を口でほじくって何をするのか？　苔《こけ》や石の下にいる蠕虫《ぜんちゅう》類などを食べるのだろうか？　掘ってその穴に産卵し、太陽熱で温め、孵化させるのではあるまいか？　ひょっとするとモロプスのように、木や草の根を掘りおこす習性があるのか？　いやモロプスはウマのように足が長くて、体をいつも空中に支えている動物です。いつもは水のなかに住んでいるというわけじゃない、陸生獣だ。ミゴーの足は短く、オール型だというではないか？　それなら陸上へ上がってもアシカ、アザラシのように這いずって歩くはずではないか？

で、改めてミゴーの形態を吟味してみますと、ウマより細長い頭や首といい、ワニのような尾といい、水生大爬虫類の型です。にもかかわらずタテガミと来た。タテガミとはなんでしょう。毛ではないか？　毛があったのでは爬虫類ではあり得ません。獣《けもの》という通り、ミゴーは哺乳類でなくてはなりません。それとも何か、このタテガミというのは、首の後ろに棘《トゲ》の列でもあって、それを見間違えたのではないか？　こういうことをいうと、目撃者もその土地の人も、「俺の見た目を信用しないのか！　毛とトゲトゲとの区別がつかないような我々だと思っているのか！」と怒ります。

では信じましょうということになると、とたん、ミゴーは哺乳類と爬虫類の特徴を両方持っていることになって、推理者はハタと困ります。やむを得ません。その点だけはちょっと脇へどけておいて考え続けることにします。これが推理ということの常道なのです。そうすると、尾がワニ状だということから、いっそミゴーはワニの古代的な形を遺《のこ》した残存種《レリック》ではあるまいか、という考えが浮かんで来る。

もし原始的なワニだとすると、ジュラ紀の後期にメトリオリンクスという変わった奴が、一九〇四年、シュミット氏によって発見されています。スラッと細長くて、四肢はひれ型で、ごつごつの硬《かた》い皮はなく、オール用の足で鱗はないというミゴーの形状と一致します。細長い口が突き出し、円錐型の歯が並んでいる。よろしい、この点も及第。これらの原始型ワニは遠洋性の海中生活に適応しましたが、現在大河の河口やマングローヴの茂る汽水域《きすいいき》に住むワニも、このメトリオリンクスを祖先とするのであると。ますますよろしい。パスだ。汽水《きすい》域《いき》から進んで淡水湖に進出したり、閉じ込められてダカタウワ湖にだけいるミゴーになったのかも知れません。

ここまではいいのですが、メトリオリンクスの尾は長いばかりか先が二つに分かれていて、上下不等型で、ワニとは思えず、その形はサメの尾に似ているくらいなのです。この点はギザギザがあって尖っているというミゴーと一致しなくなってしまいます。メトリオリンクスはあまり大きくはなく、二メートル四十センチくらいだといいますから、大きさも十メートルあるというミゴーとは一致しません。

では次に、これではどうだと有鱗《ゆうりん》目・蟒形《ぼうけい》亜目のプロトサウルスを私は引っ張り出します。これは口も長く、尖った歯もあり、オール型の四肢は短く、海に住んで魚を食べていた白亜紀の動物で、大きさも九メートル三十六センチといいますから、まず及第。一九四二年アメリカのカリフォルニアの地層から、カンプ博士が報告記載。コルポサウルスともいいます。ところがこれも尾の先が広がってひれ状になっているんです。おそらく長い体とこのひれつきの長い尾で蛇行しながら泳いでいたのでしょう。まさに蟒形《ぼうけい》（うわばみタイプ）の名にふさわしいのです。それはいいのですが、また蹴つまずいてしまいました。こんな尾の形ではミゴーと一致しないのです。

地上の草食獣モロプス、現代のワニによく似たアリガトレルスやマチカネワニは、とうていミゴーの正体ではないでしょう。が、もうほかにないか？　クジラの祖先型プロトクトゥスはどうです。いや、あれは小さすぎる、二メートルもないのです。しかも陸へ上がりそうもありません。では、プロトサウルスか、メトリオリンクスか？　いい線だと思ったのですが、尾の形と大きさで、認めがたい不一致があります。まるで推理の迷宮《ラビェリントス》のようなＵＭＡです。それに、タテガミの一件はどうするのです。苔《こけ》や石を口でほじくり返すという習性はどうする？　一切、証言に忠実であろうとしても、正体追求はいつもこういう迷路に入ってしまうのです。

私の結論は、プロトサウルスかメトリオリンクスのなかから選ばなくてはならないのならば、メトリオリンクスにしておきます。メトリオリンクスのほうが「尾の形の違いがやや小さい」「体の大きさがやや近い」という二点で、候補としてやや抵抗が少ないからです。

赤いゾウ

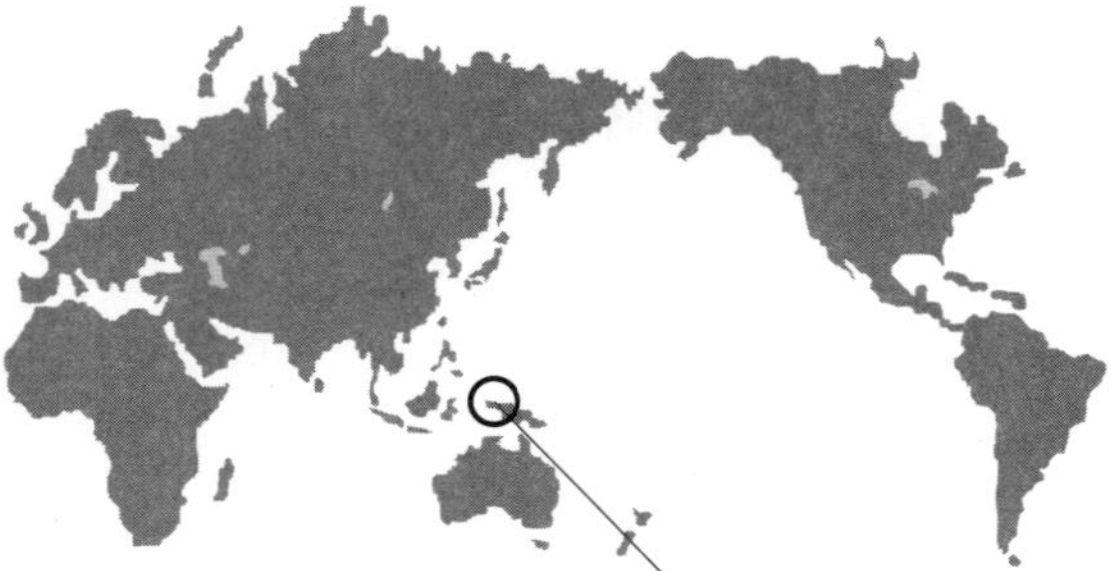

●出没地
インドネシア（ニューギニア島北西部のナッソー山脈）

●タイプ
古代ゾウ型

●大きさ
体長約4メートル？

UMA

EMA

ニューギニア島の赤いゾウはステゴドンだったか？

一九五二年六月一五日、二人のアメリカ人を乗せた飛行機が、ニューギニア島北西部にあるナッソー山脈の上を飛んでいました。それはアメリカ海軍水路部のオッター機で、操縦していたのはベルナント少尉、同乗していたのはビル・ステイトという測量師でした。彼らはファクファクで給油してホーランディアに向かっていたのですが、好天気で飛行も快調なので、ナッソー山脈の上を飛んでみました。そして、七千フィートもある山顚《さんてん》を一つ越えたところで、まず、アメリカのグランド・キャニオンにも上回るような壮大な渓谷を見出《みいだ》したのだそうです。

それは山肌の色さえカラフルで、谷の間が数百メートルしかないところをすり抜けたり、飛行機なんかカトンボ一匹くらいにしか見えないほど広大にうねうねと広がったり、まことに宇内《うだい》の絶観でありました。飛んでも飛んでも生物というものは見られませんでしたが、もっとこの素晴らしい景色を、低空から見たいと思ったベルナント少尉が、高度を地上から二百～三百メートルにも下げた時、実に信ずべからざるものを見たというのです。

薄暗い谷底から、明るくて広い、河が光っている平地へ出かかった頃、非常なスピードで走って行く一群の巨獣が見えました。それはゾウでした。むろん突然頭上に轟音を立てて飛翔して来る物体に驚いて、逃げ走っているのでしょうが、ざっと十四～十五頭はいました。夢でもなければ幻でもなく、ゾウでした。しかも、その十四～十五頭の体はすべて赤かったのです。正確にいえば真っ赤であったわけではありません。桃色でした。鼻が体長と同じくらい長いことがわかりました。明らかに、インドゾウでも、アフリカゾウでもなかった！

肉眼と双眼鏡とで、それぞれこの〝怪象〟の一群から、かろうじてそれだけのことを見てとった時には、飛行機はもう全群の上を飛び越してしまっていました。少尉は前方から暗い谷が狭い城門のように追って来るので、危ないっ……と思って操縦桿を引きました。ステイト技師は振り返って見ましたが、双眼鏡のレンズにも、もう幻象？　の群れは見えなくなりつつありました。

二人は今見たものを惜しみ、もしや錯覚ではないかと疑って、機首を転じてみようとしたのですが……不思議、不思議、今逃れるように上昇して来たところに、広い平地が見えません。谷が真っ暗になって、そこにいたはずの桃色ゾウ群も見えなくなっていた、というのです。二人はホーランディアに着いてから、このことを伝えましたが、

「ニューギニア島にゾウがいるものか！」

「ゾウが赤い？　そんなばかな！」

「広い谷やゾウが消えてなくなった？　おまえたちは頭が吹っ飛んでしまったのか？」

と、どの点をとっても笑い飛ばされ、無視され、蹴散らされてしまいました。

そのあとで、「グランド・キャニオンにもまさる宇内《うだい》の絶観」をたたえているという渓谷は、ほかの何人かの飛行士によって、実在していることがわかりましたが、肝腎の赤いゾウは、群れどころか一頭さえも再発見されず、ステイト技師とベルナント少尉にとっては不利な状況が続きました。

アメリカの動物学会からは、一九五五年の春に、ニューギニア島の山中に向かって、探険団も出されたのですが、渓谷は確かにそこにありました。しかし、赤いゾウは見つかりませんでした。二人だけの目撃者に理解を示した米マサチューセッツ大学動物学教室のローレンス博士と数人の学者たちだけは、以下のような見解を語っています。

「思うに、その渓谷は、ある一定の時間だけ、明るくなるのであろう。いつもは暗く、たとえば夜の明け方の二～三分間だけ、谷間を囲む山々の上から差す日光に照らされるのであろう。そして、もしその地域にゾウが住んでいるとしたら、その明るく照らされたわずかな時間に、ステイト技師とベルナント少尉が、その上空を飛びすぎたということになる。しかしながら、ニューギニア島に、ゾウが生息するであろうか？　生息するならば大発見だが、疑うらくは、彼らは興奮していたため、何かほかの動物を見間違えたのではあるまいか。そして、その動物が赤く（桃色に）見えたということは、太陽の反射光線のいたずらであったのであろう」

このローレンス博士の意見は当《とう》を得ているといえます。ただしゾウ以外のなんらかの動物を誤認したのではないかという考えはどんなものでしょう？　ゾウと見間違えるような巨大動物が十四～十五頭もいるのでしたら、それはなんでしょう？　それがなんであるかがわかったら、「ニューギニア島にゾウがいた」という以上の大発見です。ニューギニア島にはゾウと間違えられそうな動物はいません。

ゾウが赤く見えたという謎は、ローレンス博士の意見で正しく解明されたとしましょう。光線の加減で動物の皮膚の色が赤く見えたり白く見えたりすることはあり得るし、土地によっては本当に真っ赤な色をした土もあり、その土を体に浴びる動物だっているのです。

果たして、それはゾウ以外の動物だったか？　現在の動物相《ファウナ》からすると、ニューギニア島にゾウはいませんが、動物の分布図からすれば遠いともいえないジャワ（インドネシア）からは多くの化石ゾウが見つかっています。アジアのゾウと呼ばれるステゴドンのたぐいだけでも、パラステゴドン・アイラワナ、パラステゴドン・トリゴノセファルスがジャワのトリニール層から発掘されています。

現代ゾウ（エレファンティナエ）類ならナウマンゾウもそうで、パレオロクソドン・ナマディクス・ナウマニというのですが、このナウマンゾウの一種がジャワからも出ています。瀬戸内海から多く出たのでセトエンシス型というグループが、ナウマンゾウのなかの一つのタイプです。そのタイプが同じジャワのトリニール層からも見つかった、という意味です。この地層はよく発掘されていて、以上のほかにインドゾウに近いヒセレファス・ヒスドリンディクスもここから出ています。

それくらいですから、ニューギニア島からあまり遠くない地域に化石ゾウは多産していた。現生種のインドゾウはいうまでもありません。ひょっとするとニューギニア島にゾウがいないとも限りません。私が化石ゾウを列挙したのは、ステイト技師とベルナント少尉の見た赤いゾウが、「体長と同じくらい鼻が長い」と描写されていて、どうも現代ゾウとは違うような気がしたからです。広い分布区域を持つステゴドンの一種が、ニューギニア島にもいた可能性があり、ゾウというものは海を泳いで渡ることも出来るので、島から島へ分布を広げることもわけはなかったはずです。

人類がだんだん侵食《しんしょく》して来れば、山奥の渓谷へ隠れ、潜むだけの知恵も持っています。しかし、空から来るものは避けようがありません。突如、頭上を翔《かけ》りすぎて行く飛行機に驚いて逃げ惑った……、それが赤いゾウの本体であったと私は想定します。

ワイトレキ

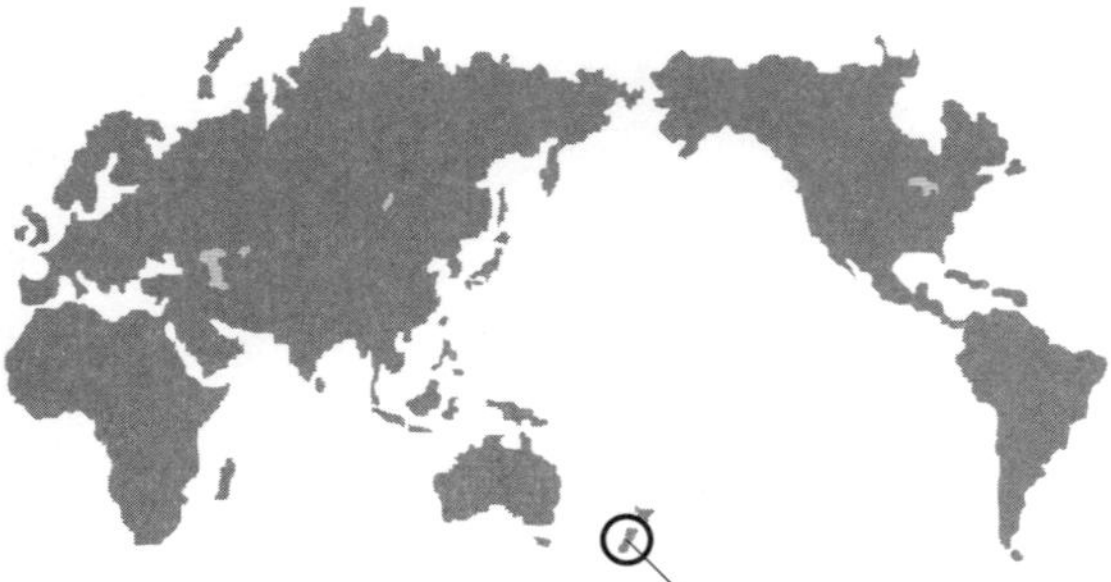

●出没地
ニュージーランド（南東にあるアシュバートン川の上流など）

●タイプ
原始哺乳類型

●大きさ
アナウサギが太った程度（60センチくらい）

UMA
EMA

ワイトレキはカモノハシより原始的？

一九五〇年のある日、イギリスの学会はウォルター・マンテルがワイトレキ、またはカウレケという動物について語るのを、耳をそば立てて聞いていました。ウォルター・マンテルはニュージーランドの国務大臣で、動物学にも造詣《ぞうけい》の深い人でした。その父は、〝最初の恐龍〟といってもよいイグアノドンの発見者として名誉に輝くギデオン・アルジャノン・マンテルでした。

しかしイギリスを代表する学者たちが、熱心に耳を傾けたのは、ウォルター・マンテル大臣の社会的地位が高いためでも、その父が有名人だからでもありませんでした。ウォルター・マンテル大臣が語った、ワイトレキ（カウレケ）という動物は、「外見はカワウソのようで、光った白い毛皮を持っている」という、そのことが彼らの注意を促したのです。そのワイトレキは、ニュージーランドに産するというのです。ニュージーランドには、爬虫類と鳥類しかいないはずだ。「白い毛皮」に包まれている以上は、その動物は哺乳類です。

哺乳類が、ニュージーランドに産するというだけでも耳寄りな話なのに、その上、学者たちがオオッと思ったのは、ワイトレキが「カモノハシよりも、もっと下等な哺乳類」だとされたからです。

一八五八年。つまりウォルター・マンテル大臣のワイトレキについての報告があってから八年後、オーストラリアからノウヴァーラ号という探険船がニュージーランドに向かいました。その船にフェルディナント・フォン・ホッホシュテッターが乗っていました。ホッホシュテッターはドイツのヴュルテンベルク出身の科学者で、やがて王立科学博物館長やウィーン地理学会の会長になった人です。ホッホシュテッター博士はノウヴァーラ号に乗り組んだ調査団の一員になり、ワイトレキについて調べにかかりました。ワイトレキはニュージーランドの原住民にはよく知られていても、もはや絶滅したんじゃないか、と考えられていました。ニュージーランドの動物学者ユリウス・フォン・ハーストだけは絶滅説を否定し、ワイトレキの足跡を何回も見たといいました。

――ニュージーランド南島、カンタベリー県を流れるアシュバートン川、その上流の海抜千メートルのところで、小生はその足跡を何回か見た。そのあたりは、それ以前に人間が歩いたことがないような地域だ。その足跡はヨーロッパのカワウソの足跡に似ているがいくぶん小さい。そしてアシュバートン川近くのヘロン湖に、ヒツジの牧場を持っている二人の男

カモノハシ

が、ワイトレキそのものを見た。彼らが小生にいうには、その動物はアナウサギが肥ったくらいの大きさで、暗褐色だったそうだ。鞭で打つと、泣くような声を上げて、ワイトレキは素早くスノーグラス（水草の名）の間にくぐってしまったという——。

一八六一年六月、フォン・ハーストはホッホシュテッターの同僚に宛てた手紙のなかでこのように書いています。なおアナウサギというのは今、飼われている家兎《かと》の原種で、要するに普通のウサギのことです。また、ヨーロッパのカワウソは日本のカワウソとほとんど同じ大きさで、大差はありません。ワイトレキはカワウソにたとえられ、またカモノハシもそうであるように、水生または半水生の野生動物であることがわかります。

フォン・ハーストによるとワイトレキは暗褐色、ウォルター・マンテル大臣によれば白色の毛皮を持っているわけで、それだけは違いますが、ほかは両者の報告は一致しています。ホッホシュテッターはそのあとも調査を続け、一八六三年にその結果を著書で発表しました。「マオリ人（原住民）から聞き集めた話と、最近の若干の観察から考えると、ニュージーランドにも哺乳類がいることは疑いない。その野生動物は群れをなさない。とりわけワイトレキはある人はカワウソに比較し、ある人はアザラシと比べているが、いまだにこれだと同定することが出来ない。正確な調査が行なわれたこともない。私にわかったことは、この動物が南島の山岳地帯や、川や湖に生息し、肥ったアヒルくらいの大きさであって、光沢のある

UMA　EMA

褐色の毛皮に包まれているということだけである」

ワイトレキについてのデータはそれだけで、ほかには何もない、と断定されたのが一九六五年なのですが、その後、新しい報道もないようです。表向きはニュージーランドには哺乳類は（外部から持ち込まれたものは別として）産しないことになっているわけです。

学者たちは、どうしてこのような、別になんの変哲《へんてつ》もないようなＵＭＡに夢中になったのでしょう？

それはカモノハシとハリモグラ、つまり単孔類という、途方もなく非常識な、それまでの動物学をひっくり返すような動物がいたからなんです。単孔類とは孔《あな》が単一《ひとつ》、排泄も卵を産むのも同じ孔《あな》を用いるから、そう名づけられました。カモノハシとハリモグラのほかに、ミユビハリモグラ（もしくはナガハシハリモグラ）とたった三種しかいませんが、彼らは毛でおおわれ、乳液を分泌して仔を育てるからには、哺乳類に違いないのに、卵を産むのです。そんなことがあるものかというので、ヨーロッパの学会は上と下が右と左にひっくり返るような大激論をやったのです。彼らは乳腺を発見しても認めまいとし、卵が持って来られても信じまいとし、貧歯類だ、有袋類だと立ち騒いだのです。

一七九九年からざっと一八九九年まで、実に百年に及ぶ論戦、調査、飼育、観察の紛乱史《ふんらん》を経て、ようやく単孔類は爬虫類と哺乳類の中間、哺乳類の最古のグループ・有袋類よりもっと下等という、哺乳類の分類表の最初に書かれる位置に落ち着きました。現在、行なわれている分類表は、そうなっています。

ところが、そうなると、〝前哺乳類《プレ》〟——単孔類のすぐ一つ前はなんだったのか？　まさかそれがすぐ爬虫類ということではあるまい、という疑問が起こってきます。確かにカモノハシの一つ前の段階と思われる資料が、発見されていないわけではありません。しかしそれはごく微量の歯と、骨片だけなのです。

「我々はそのため彼ら（カモノハシより一段下等で、原始的な動物）がなんであったか、それも単孔類といっていいのか、卵を産んだかどうかも知らないという悲しむべき事実」（ヘルベルト・ヴェント著『世界動物史』より）。

それが、ワイトレキではあるまいか、というのです。ウォルター・マンテル大臣のワイトレキについての説明に、学者たちが耳を引っ立てたのは、そのようなわけがあったからです。ワイトレキは、もし見つかって、私たちの目の前に捕らえられて来たならば、なんの変哲《へんてつ》もない小動物でしょう。しかしそれでいて、珍しくも、気難しく猜疑《さいぎ》深い学者たちがばかにしませんん。しないどころか目の色を変えて集まって来るであろう例外的なＵＭＡの一つなのでした。

なんとか具体的なイメージを呼び起こそうとしても、カモノハシの一つ前の段階というのが想像しにくいのです。あるいは多峯目のプティロドゥス（歯が二〜三列もあったネズミ型のジュラ紀・白亜紀の小動物）とか、いくらかネコを思わせ、大きさもそれくらいであった三錐目のトリコノドンなどを考えてみればいいでしょうか？　しかしこれらはかけらのような小化石ばかりなので、さっぱり具体的イメージが湧きません。となると、現在のオポッサムに近い形態で想像画が描かれているメラノドンか、トガリネズミ状に描かれているアンフィセリウムでも思いうかべるしかありません。どちらもジュラ紀、一億五千万〜六千万年前の小動物で、ひょっとするとワイトレキはそんな感じの原獣だったかも知れません。

雷獣《らいじゅう》

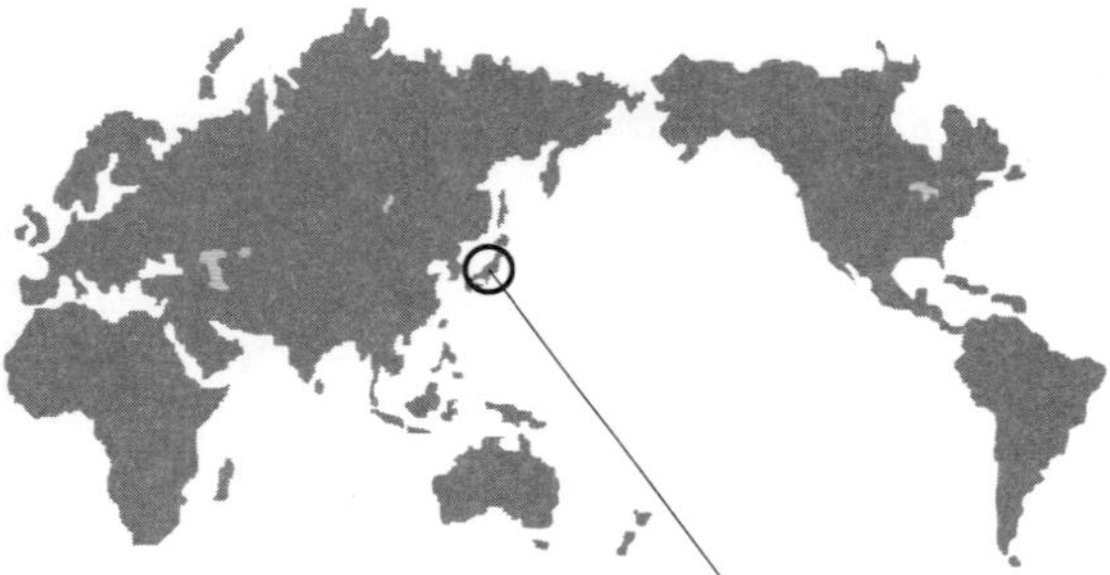

●出没地
日本（京都など）

●タイプ
合成獣型

●大きさ
2〜2メートル40センチ

UMA

EMA

雷獣《らいじゅう》の足は何本あるのか?!

映画シナリオを書く秘訣《こつ》の一つに、「クライマックスをトップシーンに持って来る」というのがあるそうです。私もそれに従って、この「雷獣《らいじゅう》」の項では、一番活劇的な奴をはじめに御披露しましょう。

――元亀年間（一五七〇年～一五七三年）、主家尼子家を毛利家に滅ぼされた山中鹿之介は、六十六部に身をやつして諸国を流浪《るろう》した末、足利将軍義昭に下郎奉公に住み込み、将軍の力で主家を再興してもらおうと企てている。その年の夏のある日、義昭が臣下、諸大名を集めて酒宴を開いていると、一天にわかに掻き曇って、ぴかっ！　と稲妻が閃き、雷鳴が轟いて、篠《しの》つくような豪雨が襲来します。殿上の一座が思わず声を失い、盃を口に運ぶのも忘れていると、吹き狂う風雨のなかに、バリバリ、ガーンという音がして、庭土の上に飛び下った大怪獣。全身は羆《ひぐま》のような長毛に包まれ、足が四対、利鎌《とがま》のような爪、目が六個、虎のような牙を咬み鳴らして、御殿の上へ躍りあがろうとする。あ、あーっと将軍諸侯から女たち、酌人《しゃくじん》の端まで、本当にひれ伏してしまう。その時、庭の外から走り込んで来たのは、早

UMA

EMA

助と名乗って働いている下郎姿の山中鹿之介。ふり返った大怪獣が、六つの目で見定める暇《いとま》もあらせず、後ろ半身から飛びかかって、「ええーいっ！」という裂帛《れっぱく》の気合。両足で胴体を締めつけ、両手で首を捻りまわした鹿之介の怪力。怪獣の口から、がーっと吐血《とけつ》して、義昭、諸大名、列座の者がびくびくしながら顔を上げた時には、もう動かなくなっていた。

将軍は歓喜して鹿之介を立派な身分に取り立ててやり、鹿之介は得た身分によって将軍に親近し、尼子家の遺児、勝久《かつひさ》を以て家を再興するように計略をめぐらした――。

もちろんこれは正史ではありません。講談です。歴史物語だから、ＮＨＫの大河ドラマみたいなものだと思ってください。ここに出現した大怪物が、すなわち伝説の雷獣《らいじゅう》で、このように雷鳴電光とともに姿をあらわすものとされていました。鹿之介の退治したものは全長二メートル四十センチと書いてあります。

これよりやや小さいが、充分怪物だといえる雷獣《らいじゅう》は、『里見八犬伝』や『椿説弓張月』で名高い瀧沢馬琴の『玄同放言《げんどうほうげん》』にあるものです。元禄一一年（一六九八年）、越後のあるところに、落雷とともに一頭の雷獣《らいじゅう》が落ちて来ました。前足が二本、後ろ足は四本、首はイノシシに似ています。牙はイノシシより長く、口の両側から突き出し、爪は水晶のようで、水かきまでついていました。毛色はこげ茶色で、六尺を越えた、というからざっと二メートルあったといいます。

足が六本だの八本だの、目玉が六つなどと、そんな動物があるものか、と否定するのはわけありませんが、それにしてはこの手の怪物は我が国にも、ときどき姿を見せるのはどういうわけでしょう。私は『玄同放言《げんどうほうげん》』と、鹿之介の講談怪物退治から、ふとこの雷獣《らいじゅう》は、鵺《ぬえ》に似ているなと思いました。今でも、「俺みたいな鵺《ぬえ》的人物は……」と自分でいう人もあるくらい、この怪物は有名です。出どころは平家物語です。

――仁平《にんぴょう》三年（一一五三年）四月、源三位《げんざんみ》頼政は、腹心の郎党猪早太《いのはやた》を連れ、京の禁裏《きんり》の南殿に詰めている。この頃、十五歳の少年天皇近衛帝を悩ます妖怪を退治するためだった。夜半に及んで、雨もよいの京都の東三条の方角から、一塊の黒雲が妖妖と近づく。その妖雲が帝の寝殿の屋根の上にたなびくと、近衛天皇は身もだえして苦しみはじめる。すわやと頼政は黒雲のなかに見える怪しい影を狙って手練《てだれ》の強弓、耳の後ろまでよっ引いてひょーっと放てば、確かな手ごたえあり、宮苑にドッと落ちて来たものがあった。心得たり！　と猪早《いのはや》太《た》が飛びかかって行って、突き通し刺し貫いてみれば、「頭《こうべ》は猿《ましら》にて、尾は蛇《くちなわ》、骸《むくろ》（体）は狸、手足は虎の如くして、啼く声は鵺《ぬえ》にぞ似たりける」という妖獣だった――。

帝の御悩《ごのう》はぴたりと治り、頼政の武勇が天下に知られたのはいうまでもありません。この稀世の妖獣にはしかし、名前はないのです。鵺《ぬえ》に似た声で啼《な》くのであって、鵺《ぬえ》という名の動物なのではありません。鵺《ぬえ》というのは一種の怪鳥《けちょう》です。寺島良安《てらじまりょうあん》や若山牧水《わかやまぼくすい》によればトラツグミ。永田洋平《ながたようへい》氏によればヨタカが、その正体でした。

しかも、源三位《げんざんみ》頼政の退治した大怪獣は、どうやら一匹ではなく、その後もあらわれているらしいのです。『看門御記《かんもんぎょき》』及び『後崇光院御記《ごすうこういんぎょき》』には左記の記事があります。

――応永二三年（一四一六年、頼政の鵺《ぬえ》退治より二百六十三年後）、京都市上京区の北野神社に、鵺《ぬえ》の一種らしい奴が出現した。宮仕《ぐうし》の一人が弓矢で射て落とすと、「頭は猫、尾は蛇、巨眼はらんらんと光り、鳴く声は大竹をひしぐが如く、社頭鳴動《しゃとうめいどう》す」――。

このあと、鹿之介の退治した大怪獣が出動し、さらに後世に至って越後の国にその退化した子孫らしい奴が落ちて来て『玄同放言《げんどうほうげん》』に書きとどめられたとすると、これは「鵺系《ぬえ》」ではありません。「雷獣類《らいじゅう》」ともいうべき怪物の系統ではあるまいか？

このへんまでは評論的にいえますけれども、そんなら雷獣《らいじゅう》という六本、ないし八本足の大怪獣が実在したのだとはむろん、いえません。それでも新しい解釈というものは、つけければつけられるもので、科学ライターの斎藤守弘さんは頼政の退治した怪物をほかの天体から降下して来た知的生命体だとしています。

「ヘビの尾は小型ロケット噴射管、異様な顔がサルに見え、宇宙服の手足に縞模様がついていたのでトラ、鳴き声はマイクを通しての声で、それが天皇の脳に発熱反応を起こしたものらしい」

大型雷獣《らいじゅう》類のほかに小型の雷獣《らいじゅう》系もあって、こちらのほうが現実的です。「形は小狗《こいぬ》に似て灰色、頭は長く口は黒く、尾は狐に、爪は鷲に似る。晴れた日には柔懦《じゅうだ》であるが、風雨到れば活気づき、雲に乗じて飛び、落雷とともに落ち、樹木を裂き、人畜をも殺すことあり」。これが通常の雷獣《らいじゅう》の説明で、「テンのことである」とされ、昭和初期の動物図鑑には、「テンは一名雷獣《らいじゅう》と呼ばれる、雷鳴《らいめい》に驚いて飛び出すのでそう呼ばれるのである」と堂々と書いてあったものです。

でも野生動物はいつも雷鳴を聞いていますから、突然その音を聞いても飛び上がったり、落ちて来たりはしません。雷が鳴り、稲妻が光っている時でも活動し、敏捷なので、そんな言い伝えが出来たのでしょう。柳田國男は『山の神のチンコロ』という著書の一文のなかで、『木曽名勝図会《きそめいしょうずえ》』『遠江風土記伝《とうとうみふどきでん》』『信濃奇勝録《しなのきしょうろく》』『本草《ほんぞう》』『倭訓栞《わくんのしおり》』『越後名寄《えちごなよろ》』などの書物を引用して、ヤマイタチ、オコジョ、エノコロ、チンコロ、木狗《きく》などと呼ばれる小獣が、みな雷獣《らいじゅう》のたぐいであることを考証しました。それらはめいめい多少は神怪なものとされ、山神の使いとされ、なかにはかなり大きいもの、人を襲い、二軒の家に住む人をことごとく食い尽くしたなどという恐ろしい例も挙げています。江戸で雷獣《らいじゅう》を飼っていた人がある、という記録を女子栄養大学名誉教授の小原秀雄さんが、ハクビシンではあるまいかと考証したこと

UMA
EMA

もありました。岡本綺堂の著書『半七捕物帳』にも「雷獣《らいじゅう》と蛇」という一篇があって、これはちょっとしたお薦め作品であります。

メガロドン

●出没地
インドネシア（ティモール海域、フィリピン東方の洋上など）
●タイプ
超巨大サメ型
●大きさ
24メートル

UMA

EMA

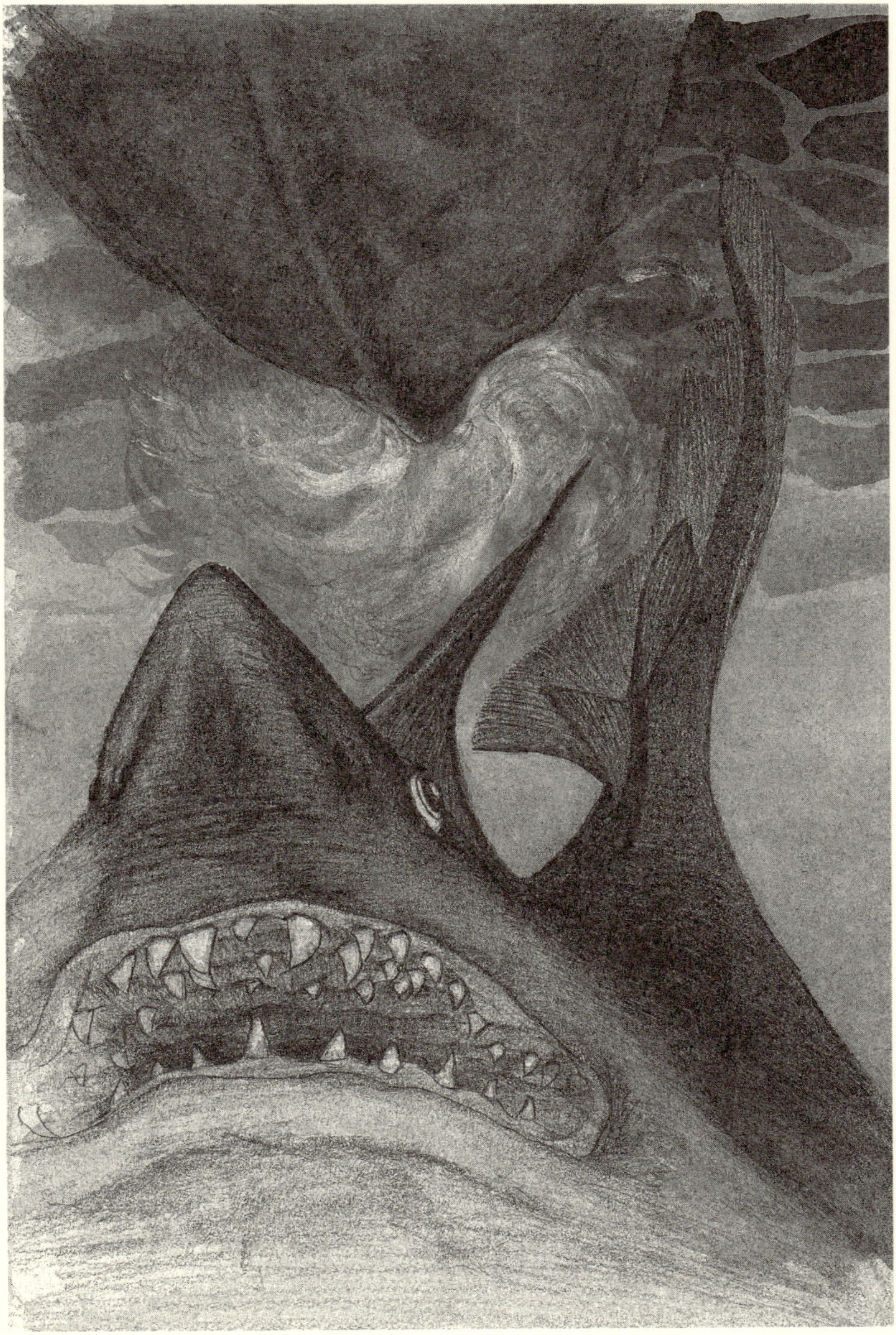

メガロドンは〝ジョーズ〟の先輩

一九五四年二月、オーストラリアのラシェル・コーエン号というカッターが、インドネシアのティモールの海域で時化《しけ》に遭いました。荒波に揉まれている最中、乗組員一同は、ズシンッ！　という大きなショックを感じました。明らかに波が激突した衝動ではありませんでした。その衝動ゆえに、船が危なくなったわけでもありませんが、操縦を間違えたら沈没だ、という危機の乗り切り中です。かまっていられませんでした。

荒天が去ったあとも、つい忘れていて、ラシェル・コーエン号はオーストラリアの港、アデレイドのドックに安着しました。ドックですから、当然船体を調べると、スクリューの軸のすぐ下の龍骨《キール》に、十七本のサメの歯が食い込んでいました！　歯は平均して十センチ、基底部の直径が八センチありました。歯の食い入ったところが半円を描き、それがサメの顎《あご》の広さを示すのですが、その直径が実に二メートルもありました。魚類学者は、船に食らいついた恐ろしく狂猛なサメは、体長二十四メートルあったと算定《さんてい》しました。

かのスティーヴン・スピルバーグ監督の名を一世に高らしめた人食いザメのパニック映画

『JAWS《ジョーズ》』の正体はホオジロザメといわれます。あのなかで活躍する人食いザメは人工物ですけれども、形から判断して、ホオジロザメがモデルだと思われるのです。ラシェル・コーエン号に咬みついた恐ろしい奴も、ホオジロザメだと考えましたが、それにしても、二十四メートルとは巨大すぎます。ことによると、「オーストラリアのクイーンズランド州とニューサウルウェールズ州の沖合いに出没するという九十フィート（約二十七メートル）ザメ」と同じような奴ではあるまいか？　この巨魚はクイーンズランド州とニューサウスウェールズ州の沖でなんべんも目撃されていて、「ホオジロザメの祖先、カルカロドン・メガロドンに関係があるものと思われている」のです。ホオジロザメなら、学名カルカロドン・カルカリアで、現在生きているサメです。一方、カルカロドン・メガロドンという学名のものは化石魚で、化石で発見されるものすごい歯や、骨から推して、九十フィート程度のものがいても不思議ではないとされます。ラシェル・コーエン号を噛み砕こうとした奴も、ホオジロザメではなくて、その先祖、メガロドンだったのかも知れません。

メガロドンは一万五千年も前に滅びたとされているのですが、まだ相当数が生き残っているのではないか？　何しろ、海洋というところは懐が深すぎるからです。そこに住むものを、少なくとも、大部分は知っているかのように、私たちは思っているからです。が、それは大きなうぬぼれで、実は千分の一も知っていないのではないか？　メガロドンが、その子孫であるホオジロザメとともに、生き延びていてもなんの不思議もないのです。

メガロドンはどこか熱帯の洋上にいる異国のサメではありません。青森、岩手、千葉その他、五～六県の第三紀層から歯の化石が見つかっています。日本の古代魚の一つといってもいいのです。「大人がその口のなかを立って歩ける」ほど巨大なこのメガロドンは、日本近海にもひょっとすると、古代魚として土のなかに埋もれているのではなく、現生魚として泳いでいるのかも知れません。クジラを襲ったかも知れず、かのウェルジオサウルス（フタバスズキリュウ）をズタズタに咬み殺したのも、メガロドンだったのかも知れません。

次に挙げる「ソ連の海洋調査船ビチャージ号の冒険」は、なかにだいぶおおげさな、信じがたい部分も含んでいますが、私にはメガロドンの出現記録だと思われます。

――一九六七年一〇月六日の夜、フィリピン東方の洋上に月光を浴びて、ビチャージ号は進航していた。気がついてみると、潜水艦のような怪しい黒影が、船と並んで駛《はし》っている。発光信号を送ってみたが、なんの応答もない。ヨットの帆ほどもある三角形のひれ状のものが波を切ってゆく。ビチャージ号は自分を追い抜いたその怪物を尾行した。ビチャージ号は全速二十九ノットも出していたのに、なお追いつけなかった。見失ってしまった。水中レーダーで探った。レーダーに映った怪物は、ビチャージ号の前方に半弧《はんこ》を描いて引き返して接近して来た。大きな渦《うず》が逆巻き上がって、怪物は海上に躍った。船長は捕鯨砲の発射を命じた。ロープが何本も船と怪物をつないだ。銛《もり》が何本も刺さったのに、怪物は少しも参らなかった。それどころか、その何本ものロープで、ビチャージ号を引きずりまわした！　やがてロープはちぎられ、捕鯨砲の炸裂《さくれつ》火薬を二倍にしたが、それでも仕止め切れなかった。しばらくすると海面は血と脂肪の薄い膜でおおわれた。夜が明けても船と怪物の争闘は続けられた。にもかかわらず、最後にビチャージ号が得たのはヨットの帆ほどある背びれのちぎれた部分だけであった――。

この怪生物について、あるコメンテイターは「五千万年前に絶滅した怪魚クラドセラケの生き残りだ」と述べています。しかしそれはとんでもない間違いです。クラドセラケというのは米オハイオ州クリーヴランド附近の海性堆積層から発見されたのです。「原始ザメ」だが、体長二メートルもないのです。クラドセラケは体がそっくりそのまま、筋肉や内臓さえ保って、その地層から出て来た奇跡的な発掘物なので、長さはちゃんとわかるのです。とうてい背びれだけでヨットの帆ほどもある大怪魚ではありません。下顎《かがく》も弱々しく、歯は細かくて、楯鱗《じゅんりん》と呼ばれる口の周囲の鱗が変化したものと考えられています。しかも淡水ザメで、ほとんど攻撃性はなさそうです。

やはりビチャージ号と戦った無茶な海の怪物はメガロドンだったのではないか？　だとするとたいていのクジラより大きいのだから、四～五本の銛《もり》を打ち込まれたくらいでは、参ら

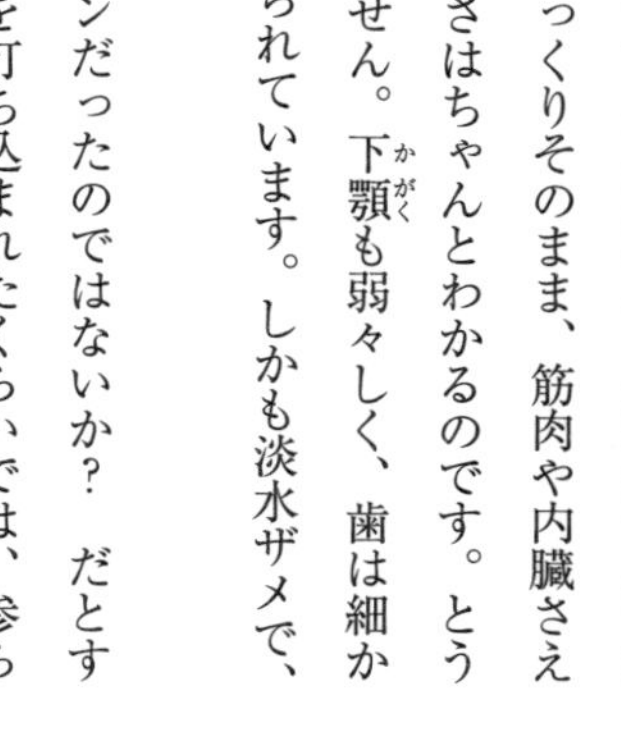
クラドセラケ

なかったはずです。しかしだいぶ重傷は負ったでしょうし、背びれを失ったこともあり、このメガロドンは海底についてから、死を迎えたのではないかと思われます。

第弐部

絶滅未確認動物

EMA

Extinct Mysterious Animals

EMA＝Extinct Mysterious Animals（絶滅未確認動物）とは、絶滅したと報告されているが、その後目撃、生存報告がされた生物。マンモスがその代表的な例だ。人類の魔の手から逃れ、彼らは今も秘境にたたずんでいるのかもしれない。

サーベルタイガー

UMA

EMA

サーベルタイガーが水陸両生怪獣に変身したという説

アフリカには、公認された猛獣以外に、さまざまな〝隠棲《いんせい》猛獣〟がいるようです。その一つは氷河期の猛獣のように、洞窟に住んでいる「ガッシングラム」という怪動物です。そいつは、褐色の毛皮を持ち、体格はライオンよりも偉大で、もちろん大変恐ろしいという以外ちっともわかりません。それじゃあガッシングラムという名前だけで、関心の持ちようがないのですが、幸いアフリカは広い。情報を伝えてくれる人も、また記録を残しておいてくれた人も少なくはありません。ガッシングラムに非常に近いと思われる怪猛獣の伝聞が、ほかにもあったのです。

その一つはJ・H・ローニー著『大型ネコ科動物』という書物で、「岩《ロック》ライオン」というものについて書いている部分です。二つ目は、そのローニーの書物の岩ライオンのことを引用している文筆家ポール・カザールが、一九三九年に発表した報告文にある「洞窟に住む大ライオン」の記事でした。こっちのほうは当時フランス領スーダンであったマリのセグー地方に、少数生息しているといいます。こやつはほかの草食獣などを捕食するほかに、岩穴を

UMA

EMA

出てはしばしば人間にも襲いかかるので、その被害は大きく、セグー住民の恐怖の的。本体は、途方もなく巨大なライオンだというのです。

この三つはみなライオンと〝仮称《かしょう》〟されていますが、褐色だということのほかは、ふさふさしたタテガミを持っているとも伝えられず、プライドをなしているともいわず、確実にライオンだとわかったわけではありません。

続いて、ずいぶん昔からアフリカ人の間で証言者があり、噂が高いので、ウォーター・ライオンだの、ウォーター・レオパードだのと、英訳された名で通ってしまっている怪猛獣の番です。むろん英名で日本にまで通用してしまっているというのは、アフリカ人を軽んじ貶《おと》しめることが多い欧米人さえも、その名を聞くことが多く、アフリカの内陸地方では、充分知られている存在だということを意味します。その一つはムル・ングと呼ばれていて、水辺に住み、姿はジャガーかヒョウのような斑紋のある肉食獣だというので、「水ヒョウ」と英訳されたのです。もう一つはディラリ、またはディンゴネクと呼ばれ、半水生といってもよく、水を飲みにやって来るレイヨウなどを、岸で待ち伏せしているというよりも、むしろ水のなかで待機していて襲撃するといいます。カバのような、自らも水生で巨大な草食獣でも襲うといいます。これの、どこがライオンに似ているのか知らんが、「水ライオン」と訳されて伝わりました。

まだあります。中央アフリカには、「山岳地方に住み、大型でざっとロバほどはあり、耳は小さく、長大な牙を一対持っている、夜行性で、歩くあとには蛾《が》がつきまとう」という、変に話の細かい怪猛獣が出没しています。これが、ヴァッソコで、アフリカのテレ湖のUMA、モケーレ・ムベンベとも関係があるということでも興味は尽きません。

もっとあるのか？　あるのです。これらはみな「水ヒョウ族」「水ライオン系」といっていい連中ですが、UMAの古典的大御所であるベルナール・ユーヴェルマンス氏は、それらをサーベルタイガーの残存個体だと見なしています。そしてこれもアンデスオオカミの研究その他で高名だったドイツ人動物学者インゴー・クルムビーゲルは、アンゴラには、コジエ・ヤ・メニアというものもいるということで、くわしく厳密な研究を行ないました。コジエ・ヤ・メニアは奇体な特徴を持った足跡や、草を掻き分け踏みにじった痕《あと》とか、土を掘り返した痕《あと》を川や沼のまわりに残します。その地方にはもちろんカバも住んでいますが、コジエ・ヤ・メニアは水中でも、陸上でも、カバを追い、殺すばかりか、刃物のような牙を持っているらしく、八つ裂きにする、細切れにする。しかも、最もいぶかしいことに、それをほとんど食べないというのです。あまつさえコジエ・ヤ・メニアは爪の甲を内側に折り曲げて歩く、妙な足跡を残すといいます。こんな歩き方をするのは、公認された動物のなかでは、センザンコウか、オオアリクイです。化石獣のなかではオオナマケモノ（メガテリウム）が、

UMA
EMA

巨大な爪を曲げて、そんな歩き方をしたらしい？　ともいわれています。未知動物学者のバルロア博士は、カバとコジェ・ヤ・メニアが水のほとりで衝突することはあるにしても、「どうしてコジェ・ヤ・メニアは自分で殺したカバを食べないのだろうか？　その血を吸わないのだろうか？　カバの皮が厚くてうんざりしてしまうのだろうか？」と疑問を投げかけています。「カバが剣で切られたかのように細切れにされることから、その敵は恐ろしい自然の武器を持っていると考えざるを得ない」

そうして、サーベルタイガーがその長い牙のほかには退化した歯しか持っていないので、斃《たお》した相手の血を吸っていたんだろう、といったのは、大著『生命の科学』を書いたH・G・ウェルズです。今考えるとこの大先生、いい加減なことをいったものです。もっとも、それより新しい時代に生まれた学者でも、サーベルタイガーはせいぜい獲物の内臓しか食えなかっただろうといっている人もありますがね。

また、カバが剣で切ったようにズタズタにされることについては、バルロア博士はサーベルタイガーの歯の後ろ側には「ステーキナイフのような刃がついていた」という最近の知見を取り入れているのです。もちろんコジェ・ヤ・メニアを研究したクルムビーゲルは、「夜行性と水陸両生という二つの生活様式に適応した、サーベルタイガーのような剣状犬歯を持つネコ科動物ではないか」という見解です。

これらのアフリカ産の水陸両生の洞窟猛獣たち？　のデータをもとにして、私はサーベルタイガーの絶滅否定、生存説を立てようと思ったのですが、そのうちに、ＵＭＡ研究家ベルナール・ユーヴェルマンス、ドイツの動物学者インゴー・クルムビーゲルという有力な後援者があったので、ヒイヒイと喜んでいるところであります。サーベルタイガーというのも総称であって、剣歯虎《けんしこ》、ツルギドラ、剣状犬歯類などと呼ばれます。そのなかでアフリカにいたものはマカイロドゥスで、エウスミルス、スミロドン、メガンテレオンなどもいたかも知れません。してみると大きいのもあまり大きくないのもいたはずですから、ライオンだ巨大だといわれても、ヒョウと呼ばれても、差し支えはありません。サーベルタイガーの毛皮が発見されたこともないのだから、色彩は褐色だったかも知れず、ヒョウやジャガーのような斑紋があったかも知れません。

　再現図にもトラのような縞やヒョウ、ジャガーのような斑紋に描いたものがあります。ディンゴネクやディラリやガッシングラムには「長大な牙がある」という証言はないのですが、サーベルタイガーだって目につくほど長大な牙を持ってはいなかったものもあり、メスは牙があまり発達していなかったかも知れません。ただ、蛾《が》がついてくる一件と、爪の甲で歩くという変な証言には解釈がつかないのですが……。サーベルタイガーには下顎《かがく》の両端に、口を閉じている時牙を入れておく「顎鞘《あござや》」がありました。これについても証言がないのが欠点

マカイロドゥス

ですが、別にめげる必要はない。アフリカ産であるスミロドンにはこの顎鞘《あござや》がなく、口を閉じている時は恐ろしい二口《ふたふり》の短剣のように、牙が顎の下に突き出していました。

では、サーベルタイガー類はトラ、ライオン、チーター、ヒョウ、ジャガーなどが主流になるまでに、何ゆえ絶滅したか？　ほとんど全部の動物書には絶滅と書いてあります。サーベルタイガーは現代はもちろん、ざっと二万年前から、〃いてはならない〃のです。その原因は第一に、サーベルタイガーが常食としていたマンモスやそのほかのゾウたちが絶滅したからだというものです。じゃあなんでゾウ以外の獲物を狙って生き延びなかったんだ？　それには「根っからの大物ハンターで、サーベル犬歯をぶち込んで巨獣を斃《たお》すことに慣れてしまったサーベルタイガー類は、ほかの獲物に切り替える適応性がなかったのだ」という答えが与えられます。これは主に北方のサーベルタイガーについていわれる言説です。南北アメリカに非常に多かったサーベルタイガー類についても、草食の大型獣が、氷河時代のすぎた直後、滅亡しはじめたので、食えなくなったのです。さらに、狩猟技術に優れた人類が北米へ、やがて南米へも、ドッとばかりに侵入して来たからだという説。これが最近は有力です。

アフリカのサーベルタイガーたちについても、同様の人類罪悪説が用いられます。このアフリカでの大絶滅でも、進歩した狩猟文化を持った古代アフリカ人が、野火による動物狩りを各地でさかんにやらかしました。ヘルシンキ大学のビョルン・クルテン教授によると、それは〝巡回放火症〟といってもいいほどのすさまじいものでした。北米、ヨーロッパ、オーストラリアでも火による森林や原野の破壊が行なわれました。そしてアフリカでも、古代人類は武器や崖から追い落とす狩猟そのものよりも、放火によって動物のほとんど四十パーセントを滅ぼしたといいます。巨大だったヒヒ、サーベルタイガーより小さい牙を持った不恰好なホモテリウム、三趾馬《さんしば》ヒッパリオン、イノシシ類、シカ類、枝角を持ったキリン類のリビテリウム、スイギュウとレイヨウの各種……。これらがいなくなった残りの、貧しい再出発から、現代のアフリカの動物相《ファウナ》は、あるのだというわけです。

もとよりその大絶滅のなかで、多くのサーベルタイガーも滅んでいったでしょう。とはいえあと六十パーセントは残ったのです。普通のヒヒや普通のキリン、カワイノシシやモリイノシシが残ったのに、古風な時代遅れの捕食獣だからといって、サーベルタイガーが少数生き続けられないわけはないのです。彼らは知能やスピードではヒョウ、ライオン、チーターには劣っていたのです。サーベルタイガーの尾が短いことや、後ろ半身のつくり、どっしりしていすぎることから見て、彼らはスピードが出せなかった、動作の緩慢な猛獣でした。もし、サーベルタイガーの生存個体があったとしても、〝電光の如く襲いかかる〟ことなどは出来なかったはずです。大型獣専門だからこそ、それでよかったのです。また世にも恐ろしいサーベル牙を持っているから、俊敏さは要らなかったともいえます。

しかし進化が遅れていても適応力に長じている動物ならあります。アルマジロもオポッサムもそうです。一部のサーベルタイガーは昔風の洞窟生活を守り、孤独な夜行性に転じ、獲物が水を飲みに来るので、狙う機会の多い水辺生活に移りました。水中を泳ぎ、岸近くにひそむことも習得しました。

カバのような巨獣を狙うのは元来サーベルタイガーのお家芸でした。一度食うともうあとは腐肉、死骸食いをやらないのは、サーベルタイガーのような古流のハンターの伝えている〝上品さ〟です。今でもサーベルタイガーを思わせるほど牙の長いウンピョウはこの〝口の綺麗な食習慣〟を守っています。サーベルタイガーも一度しか食わないので「カバを殺すが食わない」という誤伝が生まれたのです。

サーベルタイガーは生きているでしょう。そして、それが捕獲されたり、銃で射ち殺されたりしないのは大変いいことです。彼らのためにもいいことだし、我々のためにもそうなのだ。我々はもう「ではその証拠は!?」という質問に答えるために殺害する、その死骸を持って来る、という虐悪《ぎゃくあく》に、そろそろ抗議してもいい頃です。

マンモス

UMA

EMA

「氷洞の大怪獣」から「生きているマンモス」へ

アラスカよりもっと北にあるエスキモーの村から、岩と氷雪を越えて、貴重な苔《こけ》を取りに行った少年鉦打ち大助とエスキモーの男の子テュッパとは、二頭のオオカミにトナカイ橇《ぞり》を襲われた。テュッパはオオカミにさらわれ、大助はそれを追って、〝北氷洋の魔神トルナスクの大宮殿〟のような、つららと氷の大洞窟に入って、オオカミと戦った。どうやらオオカミを斃《たお》しテュッパを抱き上げた。その瞬間……。

う、お、お、お、お――ん

魔人の怒り声のような大怪音が響き渡る。短刀を片手に、テュッパを後ろに守って、つららの列柱の間を忍び進む大助が、

「や、やっ！」と叫びます。

小暗《おぐら》い前方の岩陰に朦朧《もうろう》と浮かび上がった見上げるばかりの大怪獣。その真っ黒い頭から、ヌーッと突き出されたその一対の大牙が、洩れ入る日の光にさんさんと輝いていた。

大助は、戦慄しますが、まもなくその大怪獣は微動もせず、大怪音はその頭部のずっと上、

ちょうど日光が差し込んでいる天井の岩の割れ目あたりから鳴り轟《とどろ》いているらしいことがわかった。大怪獣は足元も鼻の先も、凍結し、後ろ半身は岩間の氷に閉じ込められているのであった――。

これは昭和一〇年、南洋一郎が『少年倶楽部』に一年間連載した海洋冒険物語の第四篇『大氷洞の巨獣』の一部です。ここに描かれている大怪音と大怪獣の取り合わせが実に名人芸で、あらゆる少年少女が熱狂したのです。そしておそらく〝氷漬けのマンモスの死体〟というものが日本の小説で扱われた最初でしょう。作者の南洋一郎は一〇九一年の「ベレソフカマンモス」、一九〇八年の「タイミールマンモス」の資料を巧みに作中に取り入れているのです。ロシアのヤクーツク地方、タイミール半島に住むラムート族のV・ディヤコフが、ほとんど丸ごと一頭が保存されたマンモスの冷凍屍《れいとうし》を発見しました。それを処理し、レニングラード（現サンクトペテルブルク）まで運ぶ仕事をしたのが、剥製師ピッツェンマイヤーで、すでにそれより七年前の一〇九一年に「ベレソフカマンモス」を発掘した経験があった、というわけです。

むろん化石もシベリア各地から出ていますが、化石になるほど長い年数も、凍っていれば腐敗しませんから、鼻の先、内臓、血液、食べていた植物まで、そっくりそのまま手に入るのです。冷凍屍《れいとうし》のありがたいところはそこにあり、研究者たちはマンモスのほとんどすべてを、「まのあたりに生けるがごとく再現する」ことが出来ます。それがたくさん出るということからいって、マンモスはまさに「ロシアゾウ」といっていいわけです。その資料の豊かさに於て、恐龍やデスモスチルスとは桁《けた》が違います。だからついにはロシアから日本へマーモント・イワーノウィッチというマンモスの実物剥製をプレゼントするとか、その冷凍屍《れいとうし》の体内にあった赤ん坊マンモスを展覧するとか、パーティーでマンモスの肉を食べたとか、冷《れい》凍屍《とうし》を旧ソ連の生物学者たちが実験室で〝蘇らせる計画〟を立てていたとか、クローン・マンモスをつくるとかいうところまで、研究は進みつつあります。二〇〇五年の愛・地球博（愛知万博）で展示された「ユカギルマンモス」は、いうまでもありません。

マンモスは日本にもいました。北海道夕張からと、同じく襟裳岬《えりもみさき》から、そして樺太《からふと》（サハリン）の大泊《おおどまり》沖からと、三カ所に化石が得られています。本州にもいたのではないかとよくいわれましたが、そのことには化石の裏づけがありません。そのほかの地層からも「マンモスの化石が出た！」と新聞に報じられたこともありました。しかしそれはマンムートゥス（マムーサス）よりマンモスに近い古代ゾウというのを、早合点して、記者が報道してしまったものでした。

私たちが口にするマンモスはマンムートゥス・プリミゲニウス、あるいはエレファス・プリミゲニウスという学名のもので、ウーリーマンモス、ケナガマンモスと呼び分けて、ほかのマンモス類の化石ゾウと区別すべきです。ですが世の人々はいちいちそんな面倒くさいことはしません。しかもパレレファス・ジェファソニとか、アメリカマストドンとか、毛むくじゃらだった化石ゾウはほかにもあるので、長毛マンモスといっただけでは、まだ区別がついたともいえないのです。

やむなく、ここでは俗称に従って、単にマンモスとだけ呼んでおきますが、マンモスは氷河に近い永久凍土地帯、寒帯樹林、そういう森林と南の草原との間などに分布しています。決して大氷原だけをさまよっているゾウではなかったのです。ジャコウウシ、オオツノジカ（二六四ページ参照）、トナカイ、北地野牛《ほくちやぎゅう》などと同時代の動物でありましたが、特に親しく仲がよかったのは長毛サイ（ケサイ、ケブカサイ、二九〇ページ参照）でした。どうしてこの両雄の仲がよかったなんてわかるのかというと、長毛サイとマンモスの化石、遺体はしょっちゅう伴産《ばんさん》する（一緒に見つかる）からです。

マンモスは見るからに怪異な容貌をしていますが、それほど巨大ゾウではなかった。これをいうとたいていの人がエエーッというのですが、マンモスの体高平均は二メートル六十五センチ、アフリカゾウのそれは三メートル三十五センチ、インドゾウでも三メートル二十センチというところで、マンモスは大よそインドゾウより小さいと心得られたい。

鼻の違い

マンモスの容貌のなかで、最も幻怪なあの最大五メートルもある牙は、なんの役に立つのか？　タイミールマンモスを発掘した帝国科学院の後身、旧ソ連のレニングラード科学アカデミーのマンモス研究家、V・B・デュビーニンによると、「マンモスは首を下げ、牙を地に届かせ、それで雪を掻き分け、その下に埋もれている草を食べるのに牙を使っていたのだ」といいます。その証拠には、マンモスの牙の両端がまんべんなく磨《す》り減っているというのです。

もう一つ、マンモスの容貌の特徴である、頭の上の高々とそびえた出っ張りにも、意味があって、そこには寒飢《かんき》に対抗するために多くの脂肪が貯えられていたそうです。

そのように、マンモスは充分に氷河期の生活に適応していたのに、なぜ絶滅したか？

スミロドンに代表されるサーベルタイガーたちがマンモスを捕食し、サーベルタイガーより牙の短い恐猫《ディノフェリス》ホモテリウムたちもマンモスの幼獣を常習的に殺していました。その上に、地球史上最悪の殺し手、殲滅者《せんめつしゃ》である人類が加わりました。彼らはマンモスを陥穽《おとしあな》に落としたり、仕掛け罠《わな》で殺したりしたばかりではありません。全群を絶壁から追い落として、皆殺しにすることもしました。チェコのトルニ・ベストニッツェのクロマニヨン人居住地のまわりや、背後の沼地には、数千万頭というマンモスの骨が山積みしていたのです。よもや、まさかと思っていたことですが本当でした。マンモスは、人類が滅ぼしたのです。

それでも、シベリアでマンモスの冷凍屍《れいとうし》が発見されるより前の、一五八〇年頃に、マンモスはまだ残存者がいたのだという証言もあります。当時、ロシアの富豪であったストロガノフ家では、同家所有の岩塩の鉱床を、しばしば盗奪《とうだつ》する山賊を退治するために、コサックの騎兵一隊を派遣しました。その隊長エルマーク・チモフェイヴィッチは命令を果し、シベリアを征定しましたが、「ウラル山脈を越えたあたりで、長毛におおわれた大きなゾウを見た」と語ったのです。エルマークによりますと、そのゾウはその地方の住民には猟の獲物として知られ、〝肉の山〟と呼ばれていたということです。

もう一つの証言は一九〇〇年を越えてからですから、現代といってもいい。

――一九二〇年、ウラジオストックのフランス領事代理で、ガローン某という人が、四年もタイガ（寒帯樹林）のなかで暮らしていた老猟師に会う。その老人が語るには、一九一八年に、あるタイガのなかで大きな足跡を見つけた。その足跡は幅六十センチ、長さ三十五センチもあって、四列に続いていた。前後の足の間は三メートルもあいていた。老ハンターは尾行すること二日、ついにそのうちの一頭が若木の間に立ち止まっているのを見つけた。もう一頭がその近くの樹々の間にいて、ときどきヌッと出て来た。茶褐色の毛で包まれ、ことに後半身の毛は長かった。恐ろしく長大で、彎曲《わんきょく》した牙が生えていた。老人はそれを三百メートルほど前方に見たのであるが、結局銃の引き金を引く決心がつかず、日も暮れたので、やむなく引返した。次の日も行ってみたが、もう何もなかった――。

このほかに、アラスカやユーコン地方でマンモスの生存個体を見たという情報もあります。南極、北極の探険家として天下に名を知られたバード少将が、一九二九～一九四九年の間のある日、飛行機の上からマンモスを一頭見たという話もありました。

昭和二四年、『ゴジラ』の原作者・香山滋氏は、『生きてゐるマンモス』という作品を書きました。氏もマンモスに生きていて欲しいと熱望する人の一人でした。私もその一人ですが、見るからに哀れっぽいクローン・マンモスはまっぴらです。はじめから悲惨な身の上だと決まっている、そんな人工動物よりも、コンピューター・グラフィックで精巧に描かれた〝動くマンモス〟を見ているほうがずっとマシです。

地域▼ヨーロッパ

ダイアウルフ

UMA
EMA

恐狼ダイアウルフは青森県にもいたのではないか？

山々はそれまでに増して高く、陸地はより広く、気候はより寒く、動物はより大きくなっていった。気候の激動が地球をゆすぶり巨大な氷床が広大な土地を荒野に変える。人類は、増殖し、広がるが、危機は高まる。哺乳類の時代は最後に近づいて、死と破滅が以前の生物の豊饒《ほうじょう》な繁栄に続く――。

こんなふうに洪積世末の様相を描き出したビョルン・クルテン著の『哺乳類の時代』には氷河の去ったあとに広葉樹のナラ混交林が北米の西側に繁茂し、北へ行くに従って針葉樹林――カバの林――ツンドラ地帯に続いていたと説明しています。

ナラ混交林が少なくなりました。やや開けたあたりで、もはや衰滅期に入った獣王スミロドン（サーベルタイガーの一種）の一頭がバイソンを斃《たお》しました。その牙は汚れ、欠け損じていたけれども、大型野牛のバイソンを殺すには足りたのです。スミロドンは今、勃興して来つつあるカリフォルニアライオンに王座を譲らねばならなくなっていたにもかかわらず、老躯を奮い起こして、そのバイソンをてんでに跟《つ》けまわしていたダイアウルフの一群から奪

カリフォルニアライオン

い取ったのです。

ダイアウルフたちはもちろん承服出来ません。彼らに地に横たわった巨牛の赤褐色の毛皮にぶっすりとサーベル犬歯を突き立て、切り裂きはじめたスミロドンを遠巻きにして唸り立てます。上唇を上げ、牙を露出し、尾を振り立てて近づきますが、咬みかかる勇気はありません。スミロドンは史上最強、少なくともそれまでのところ史上最強の猛獣でした。スミロドンから獲物を奪い返す？　それはカリフォルニアライオンも企てないことでした。その上、ダイアウルフは各自銘々で隙をうかがい、後ろから狙い、バイソンの肉を咬み取ろうとしますが、協力し合おうとしていません。互いに押しのけ、出し抜こうとし、スミロドンより前に自分たち同士でキャキャンッガオッといがみ合うのです。彼らはもう八頭いましたから、協力の統制が取れていれば、あるいはスミロドンをたじたじとさせたかも知れないのですが、ダイアウルフの群れ社会は、そこまで成熟していなかったのです。

それでもダイアウルフにとって都合のよいことには、サーベルタイガーの仲間であるスミロドンの食欲は「一回性」で、その時、満腹するまで食うと、その残りをヒョウのように貯えておいたり、あとで何回も引っ返して来て古くなった死体でも食う、といったしみったれの、口の卑しい習性はありませんでした。ダイアウルフたちは、スミロドンが立ち去ってから、まだまだ山のようにあるバイソンの肉にかぶりつくことが出来ました。このことがダイアウルフの〝生態的狙い目〟でした。彼らはまた、本当のオオカミたちが、のちに成し遂げたような、精練された群れ組織を知っていませんでしたが、屍肉食い《スカヴェンジング》という役割に、充分自分たちの食ってゆく途《みち》を見つけていました。北米にはハイエナがいず、ジャッカルもいなかったので、ダイアウルフがその椅子に座っていたのです。

ここでダイアウルフと比較した「本当のオオカミ」は、ダイアウルフの活躍期、洪新世には、とっくに出現していました。しかしまた主流たり得ず、鮮新世のトマークタスというイヌ科動物から、ダイアウルフと肩を並べるようにして進化して来たカニス族でした。このオオカミは傍流として、ダイアウルフの陰にいて、家族制度と群れ組織を発達させながら、ひそかに牙をといでいた、といえます。現代から見ると、彼らのほうが普通のオオカミであり、元祖のように見えますから、以下、便宜的に「普通のオオカミ」と呼ぶことにします。

ダイアウルフは洪積世の中期から後期（四十万～一万年前）に、北米の西、南部、メキシコを経て、南米のペルーまで分布しておりました。大型で、非常に頑丈な体格で、数も多く、その頃の北米の肉食獣のなかの重要な一員だったのに、普通のオオカミに比べて、ほとんど人の関心を引くことがありません。恐狼ダイアウルフは、普通のオオカミと同じ系統から発していいます。つまり、オオカミの一分枝《ブランチ》で、オオカミの一種に違いないのですが、通常のオオカミファンからは一顧もされません。

アメリカのロスアンゼルス郊外にあるランチョ・ラ・ブレアのタール池というのは、タールが自然に溜まった真っ黒な池です。タールは不快な臭気がするから、野生動物は近づかないでしょう。ところが、水とは混じり合いませんから、雨が降ると当たり前の池のように見え、臭気もしなくなります。水を飲みに近づいていっても危険はないように見えます。しかるに、踏み込むとタール池は柔らかい粘液です。足が抜けなくなり、しまったっと気がついて引っ返すことが出来た草食獣は、運よく助かっても近づかないでしょう。が、深みに嵌ってしまったら、もう、地獄だ。もがけばもがくほど、タールはべっとり粘りつき、底は深いし、真っ黒になって、どんどん沈んでいってしまいます。沈みかけて鳴き叫ぶ草食獣の声を聞きつけて、スミロドンやダイアウルフがやって来ます。こいつはうめえと飛び込む前に、よく匂いを嗅げばよかったのに、彼らはもしタール地獄に嵌りかけたバイソンやウマなどを食ったにもせよ、自分らも帰れなくなって、黒い沼のなかで惨死します。こうしてロスアンゼルス近辺に巨大な自然の罠《わな》が出来——後世、それを発見した動物学者たちは、狂喜乱舞、帽子を空高く放り上げて喜んでしまったのです。何しろ、その黒い沼のなかには、当時のほとんどすべての代表的な鳥獣が揃って埋葬されているのです。ノスロテリウム、メガテリウムなどの地上性ナマケモノ、バク、ラマ、ラクダ、イノシシ、バイソン、プロングホーン、そして、マストドン、インペリアルマンモス！　肉食獣ではスミロドンとダイアウルフのほかに、クマ、アナグマ、コヨーテ、リンクス、カリフォルニアライオン、ピューマ。雑食者ならキツネ、スカンク。そして巨鳥テアトルニスからチドリ、ハトにいたるまでざっと三十六〜三十七種の鳥類。これほど豪奢な動物発掘上の〝大饗宴〟はありませんが、みなべっとりと真っ黒なアスファルト漬けなのです。さぞかし、洗い出すのが大変だろうとお察し致します。

そのうち、スミロドンがなんと二千頭、ダイアウルフが千六百四十六頭で、今なお発掘中で、その数は増え続けているといいます。スミロドンは単独生活、ダイアウルフは統制が取れていないにもせよ、群れ生活なのに、それにしては少ないような気がします。タール池から出られなくなっているマストドンや野牛を見て、飛びついていったスミロドンは盲滅法でどれも慎重を欠き、ダイアウルフのほうがだいぶ用心深く知能も高かったということになるでしょう。

こうしたわけで、今私たちは古生物関係で、「アスファルト池に沈みつつあるゾウ、あるいはバイソンの背中で、なおもグワッといがみ合うダイアウルフとサーベルタイガー」という構図の再現画を、しばしば見るようになったわけです。しかしこの地獄池の底からは、普通のオオカミの遺骸は得られていないようです。普通のオオカミはダイアウルフらのいなくなったアメリカの林野に展開し、のちにティンバー・ウルフと呼ばれ、そのなかから、かの「狼王ロボ」のような〝偉材〟もあらわれたのです。

大氷河が去ってからしばらくのち、大絶滅が起こり、北米の大型哺乳類の七十パーセントがいなくなってしまいました。タール池のなかで死んでいたゾウやラクダやバク、ウマ、カリフォルニアライオンなどは、この時滅亡したのです。氷河期が去ってから、しばらく経ってというのがいぶかしい。しばらくは氷河期以後も生きながらえていたのに、なぜその後、ばたばたと死に滅びてしまったのか？　不思議でたまらなかったのです。

しかるに、この大絶滅は、氷河の後退と同時に北方から侵入して来た古代インディアンなどの人類によって滅ぼされたのだといいます。少なくとも、それら七十パーセントの大型哺乳類の絶滅した時代と、古代人類がアメリカ大陸に入って来た時代とは、ぴたっと一致するというのです。ダイアウルフは、古代人類に獲物を取り減らされて、スミロドンたちが生活出来なくなると、主にそのおあまりを常食としていたのだから、自分らも生活難に陥りました。

そこへ洗練された近代式狩猟隊、そして愛情によって結ばれた家族制度という、優れた文化を持った普通のオオカミが進出して来て、ジリジリと取って代わりました。オオカミは殺して食うことも、死骸腐肉を食らうことも、どちらもやり、コヨーテは死体を食らうことも雑食もするという有利性があって、ダイアウルフたちを死地に追い詰めた、と、まあこういうのですね。特にニホンオオカミおたくはこの恐狼ダイアウルフの蒼古《そうこ》にして雄勁《ゆうけい》といった俤《おもかげ》を知りません。データが例のロスアンゼルスにあるランチョ・ラ・グレアのタール池からおびただしく出た遺骸から得られたものしかない、ということもあるでしょう。私はそれを残念がっていますが、さりとて、それを宣伝するようすがもありません。

でも、ダイアウルフはその後、生き残れなかったのか？　私は未練深く、かつ執念深く諸書を漁《あさ》りまわっていました。そこで私は昭和四五〜四六年頃、発見された「世界最大のオオカミの歯」に目をつけました。

それは青森県下北半島の尻屋崎から発見されたオオカミの下顎《かがく》の第一臼歯で、普通でもこの臼歯にかけては、オオカミはイヌ科動物のなかで最大なのです。そのなかでも最大というのが、カナダで発見された長さ三十三・五ミリという臼歯であった。そして下北半島からあらわれたものは、三十五・五ミリもあった。この歯の大きさから推算すると、そのオオカミの頭骨は長さ三百十九・五ミリとなり、まさに巨狼でありました。

日本の北海道にはシベリアオオカミ系のエゾオオカミがいました。シベリア系ですから野暮な短足のニホンオオカミよりも大きく足も長かった。ダイアウルフはそのシベリアオオカミに負けないくらい大きかった。特に、その頭が大きく、幅も広かったのです。

この巨狼をシベリア系エゾオオカミとしないで、ダイアウルフの生存個体と仮定します。そうすれば、ダイアウルフは北海道どころか、本州の青森県にもいたことになります。そこまで仮定すれば、古代日本の各地にいたと考えることも出来ます。初期縄文時代の人類とたぶん接触していたこともあり得るのです。

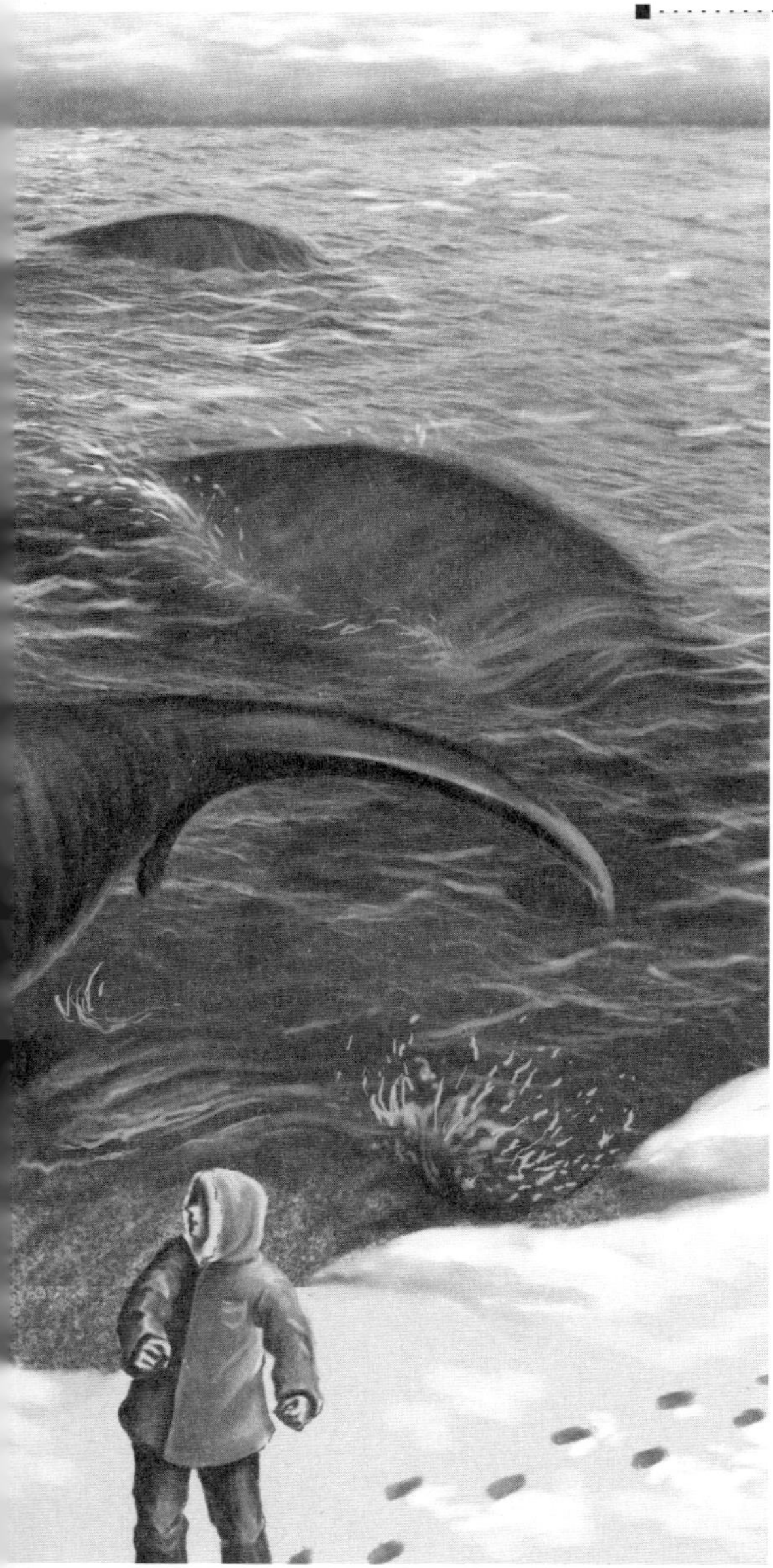

ステラー海牛

UMA
EMA

おお、生きていたのか、ステラー海牛《かいぎゅう》！

一九六二年七月、旧ソ連の船ブラーネ号が、ベーリング海の沿岸、ナワーリン岬の附近に差しかかりました。この船は、新聞、単行本によっては、調査船だと伝え、または捕鯨船だと紹介しています。これからいうことのためにはまことに幸いなのですが、その船には数人の科学者が乗っていました。

何を見たのか？　船から百メートルほどを隔てて、六頭の大型海獣が、体をくっつけ合うようにして泳いでいるのです。それは一頭々々が八メートルはあり、黒っぽい肌をし、上唇は厚くて裂けていました。泳ぎながら沈んだり、浮かび上がったりしていました。浮かぶ時は変わった恰好で体を水上に出していたというのですが、これは上体をあらわし、立ち泳ぎの恰好をし、また水に潜《くぐ》るということを繰り返していたらしいのです。

それを、学名ヒドロダマリス・ステレリ、ステラー海牛《かいぎゅう》だと判断した船上の科学者が、「おお、生きていたのか、ステラー海牛《かいぎゅう》！」と叫んだであろうというのは私の想像です。実はこの叫びはこの報道を『読売新聞』で読んだ時、私自身が口にしたのです。もう少し正確にい

UMA

EMA

うと、私はまるで誰かが特別に取り計らって、その動物を守護しておいたかのように、「おお、生きていてくれたか、ステラー海牛《かいぎゅう》！」と叫んだのです。

ステラー海牛《かいぎゅう》は一七四一年の一二月に白人に発見され、それからたった二十七年後の一七六八年には絶滅したとされていたからです。私はそれを子供の頃、北海道大学の教授、大島正満氏の悲憤に堪えない筆致で書いた本を読んで、心に刻みつけられていたのです。絶滅まではゆかなくても、「悲運に泣くガラパゴス島のゾウガメ」「ピアノの鍵盤にこもるアフリカゾウの悲鳴」「死屍累々《ししるいるい》、惨たるアメリカバイソンの最期」などの大島正満博士の諸篇も一生忘れられない印象を私に与えました。そのため第二次大戦後、にわかに絶滅、激減動物の被害がいわれ、警告されはじめても、そんな人類の暴虐は、今はじまったことではない、ということを私は知って、醒《さ》めていました。それはステラー海牛《かいぎゅう》の絶滅した一七六八年、十八世紀の中頃にはじまったことでさえもないのです。ほとんど、有史以前からでした。

それはさておき、ステラー海牛《かいぎゅう》の場合でいいますと、その発見（ロシア人やドイツ人による報告）史は、今でも誰でも知っている名前にかかわりがあります。それはヴィトゥス・ベーリングというデンマーク人探険家の名です。ロシアのピョートル大帝の命令によって行なわれた探険で、「アメリカとアジアの間には海峡があって切れているのか？　それともつながっているのか？」を発見しなければならなかったのです。その探険艦隊によって両大陸が北方の海で切れていることを発見し、その切れ目にベーリング海峡という名がつけられたのです。

ピョートル大帝はその艦隊に、「今知られていない動物も全部調べろ」とも命じていました。アザラシ、ラッコ、ホッキョクギツネ、オジロワシ、ウ、ツノメドリ、ホッキョクグマ、オットセイなどが記載されていました。それを行なったのがドイツ人の医師であり博物学者であったゲオルク・ヴィルヘルム・ステラーであり、この人の名が大海牛《かいぎゅう》の学名にも英名にも冠《かん》せられたのです。

艦隊のうちサンクト・ピョートル号という一隻がカムチャッカの東にある無人島の近くで遭難し、ベーリングとヴィルヘルム・ステラーは島の岸辺を歩きまわり、入江に数十頭、数百頭の見たことも聞いたこともない巨獣の大群を目撃したのです。

――浅い海のなかに、それらは横たわっていた。体長は八メートルはあった。海藻やウミキャベツを、頭と首をふりながら、ゆっくりと咀嚼《そしゃく》している。カモメがその背に止まり、しわだらけの皮膚の間に寄生している甲殻類をついばんでいた。この奇妙な動物の前肢はひれに変化していた。後肢はなかった。体の後端は二またのひれ状の尾で終わっていた――。

ステラー海牛《かいぎゅう》は警戒心や敵意をまったく示さず、ベーリングもヴィルヘルム・ステラーも水夫たちも、彼らの間を歩きまわることが出来ました。しょっちゅう背中を海上にあらわし、そうぞうしい呼吸音を立てます。仔は親のそばに寄り添い、群れが移動する時には、成獣たちが幼獣を取り囲んで守ります。寝る時は仰向けに引っくりかえって寝ているとヴィルヘルム・ステラーは記しています。

ステラー海牛《かいぎゅう》はジュゴンやマナティーの仲間で、ジュゴンの大型化したものらしいのですが、二万年も前にはカリフォルニアにもいたし、カナダのB・C州にも、グリーンランドにもいました。分布区域こそ発見当時よりずっと広大ですが、その遅鈍《ちどん》に近いお人好しぶりからいって、カナダやグリーンランドにもいた頃も、そうたくさんいたとは思えません。ヴィルヘルム・ステラーとベーリングがはじめて見た入江には千五百〜二千頭もいたのですが「武器を持たず、一産一仔で繁殖力が劣り、シャチなどに食われて滅びつつある動物だったのかも知れぬ」とされています。が、そうだったら、それまでの逃亡や被害の経験から、もうちょっと警戒心があってもいいと思うのに、ステラー海牛《かいぎゅう》はあまりにもお人好しすぎます。

あまつさえ、人類はそのような防備を知らず用心もしない温順な動物を、これ幸いと、片っ端から叩き殺す冷虐《れいぎゃく》な存在でした。あいにくステラー海牛《かいぎゅう》の皮は利用出来、肉はいっぺんに大量に取れてしかもおいしく、特にその脂肪は真っ白で精良《せいりょう》なバターのようでした。こんな利点があっては、もうおしまいです。たった二十七年間で、貪欲な漁夫たちがステラー海牛《かいぎゅう》を殺し尽くし、一八七九年に北東航路の発見者A・E・ヌールデンシェルドが調査した

ジュゴン

マナティ

時、得たものは大海牛《かいぎゅう》の骨だけでした。

　原牛《げんぎゅう》アウロックスは一六二七年に東プロシャ（ヨーロッパのバルト海南部にある地域の歴史的名称）のヤクトロフカで死んだのが最後の一頭でした。野生の天馬ともいえる最後のタルパンは一八七五年にロシアで射殺され、オオウミガラスは一八四四年にアイスランドのエルディ島で殺された二羽を以て絶滅しました。このような比較的最近、いわば私たちの目の前で全滅した動物たちに思いを馳せて、少年だった頃の私は憤激し泣きたくなりました。そのなかでもステラー海牛《かいぎゅう》の最期は無惨で半年も忘れていられません。

　それが、生存していた！　六頭も群れをなしてナワーリン岬の附近で泳いでいたというのです。同憂の士たちも歓喜し、そのことを祝し合いました。調べてみると、「一八五四年にも一頭がある船から視認されたが、捕らえられはしなかった」とヌールデンフェルドが述べていることがわかりました。一九一〇年頃に、ベーリング海のアナドゥイリ湾に、一頭の死体が流れついていたという話もありました。

　一九六二年の旧ソ連のブラーネ号からの報告以後は、ニュースはないか？　かろうじて一つはありました。一九七七年に、アナブチンスカガ湾で死体が発見されています。そのニュースの影響によって、死んでからわずか十年しか経っていないと思われるステラー海牛《かいぎゅう》の骨を、学生たちが海岸で拾っていたこともわかりました。一九八四年には、北太平洋のある島で、全身骨格が出ましたが、これは新しいものかどうか、まだわかりません。

これだけの実例があれば、ステラー海牛《かいぎゅう》はほぼ「絶滅してはいなかったのだ」といえるでしょう。それだけでホッとします。そしてそれだけにとどめるべきなのです。なぜなら生存していた証拠を示せというのなら、ステラー海牛《かいぎゅう》をまた殺害して持って来なければならないからです。

小恐龍

UMA

EMA

名づけて小恐龍――あれが噂のマウンテンブーマーだったろうか？

一九六二年六月某日、私はブラジルのアマゾナス州の日本人経営のあるピメンタ（胡椒）園に立っていました。捕虫網の柄を杖について、ウラモジタテハの飛んで来るのを待っていたのです。以下はその時の私の手記からの引用です。

――私はふっと足元を走るトカゲの動作に気がついた。ピメンタの繁茂を妨げないように、地面には下草がほとんど取りのぞいてあったが、そのあちこちを走りまわっている茶褐色のトカゲは、無意識のうちに見なれてしまっていた。それに、ふっと気がついたのは、その走り方が異様だったからだ。そのうちの一匹に注意すると、そいつは体を立てて、後ろ足で走っているのだ！

見た目にはなんの怪奇なところもない、茶褐色のトカゲであった。体長二十センチ大のニホントカゲと同じくらいのもいた。が、なかには六十センチを越えている個体もあった。立って走っているといっても、地面に対して垂直に体を立たせているのではなかった。前方に傾いていた。それきりまた倒れてしまいそうな、ななめの姿勢で、倒れまいとしたら走り出

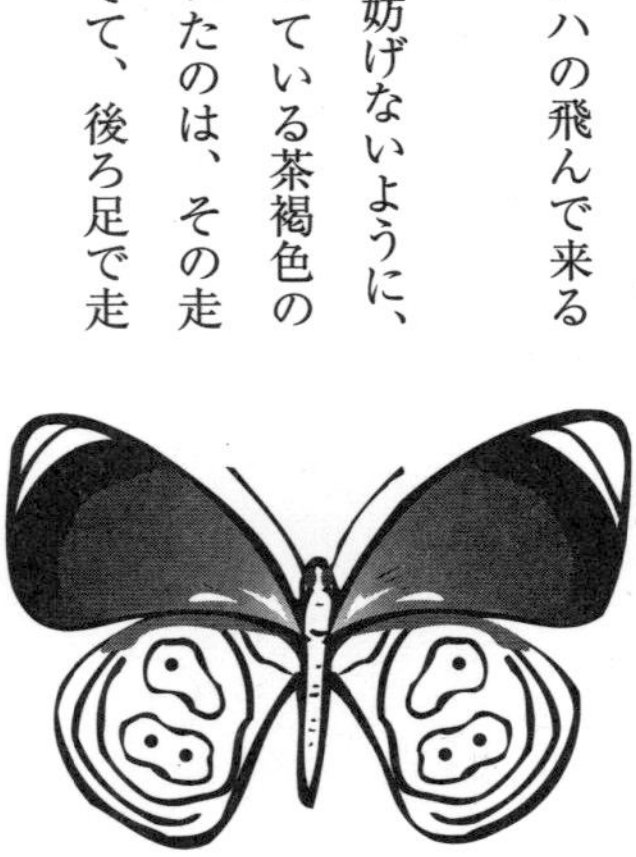

ウラモジタテハ

すしかないように見えた。走り方もスムーズではなかった。後ろ足を地に踏み放し、踏み支えては交互に地を蹴り、ヒョコヒョコヒョコヒョコヒョコッ……という感じで、不器用に駈《か》け出すのだ。前足は小さく短くて、立って駈けている間は何の役にも立っていなかった。我々のように前後にふってバランスを取るのでもなかった。体は片足を踏み放すたびに揺れ、かなり長い尾はヘビを空中で振りまわすようにうねっていたが、決して地上に引きずりはしなかった。

何匹もいるそのトカゲを監察すると、前足も地について、普通に這っているものもあることがわかった。それが一瞬立ち止まって、ヒョクリと上体をもたげ、倒れそうになる前に走り出すのだということもわかった。しばらく走ると、ヒョコンと倒れて前足を下ろし、歩き出すこともわかった。立って走るトカゲ!? という驚きよりも早く、私を襲ったのは、イグアノドンやアロサウルスのような恐龍の歩き方に似ているという連想であった。そっくりだった。巨大な二足歩行の〝恐龍の雛型《ひながた》〟だった!――。

現地アマゾニア地方における主な産業というのがピメンタ(胡椒)の栽培で、その地方では森林を伐《き》り開いて、そこに四~五メートル置きにエスタッカと称する割り木の柱を立て、そこに蔓性植物である胡椒を絡《から》ませるのです。その植物の粒々の実《み》が胡椒でありま す。作物である以上、それには一定の害虫がつきます。胡椒の葉がところどころ何かの昆虫の幼虫に食われているのを見かけます。私がたわむれに〝小恐龍〟と名づけたそのトカゲたちが、ピメンタ園にさかんに姿を見せるのは、その幼虫を食うためであろうと思われました。もっとも、ほかの植物を除去してしまったピメンタ園はカラカラに乾いて、ものすごい暑さですから、いかに爬虫類といえどもじっと立ち止まってはいられず、走り出してしまうようにも、私には見えました。

ブラジルというところは恐ろしく自然科学に無関心な国でして、町に出てもろくな動物案内も昆虫図鑑もありません。アマゾニア地方だったら、河口の都会ベレンの博物館へでも行くしか、調べようがない。そこでベレンの動物園へ行った時、附属博物館へ入りびたって、あの〝小恐龍〟トカゲの名前を知ろうとしたのですが、とうてい探し当てられませんでした。ひょっとすると全然標本も記録もないのかも知れません。熱心なアメリカあたりの爬虫類学者が、とっくに同定、記載しているのかも知れません。土台、ピメンタを栽培している日本人たちはみなその立って歩くトカゲを知っているのですが一人として名を知ろうともせず、単にラガルト（トカゲ）と呼んでいるだけなのです。

その当時、つまり若い頃の私は、立って歩くトカゲといったら、子供の頃、少年用の動物百科で読んだ、エリマキトカゲくらいしか思い出せず、むろんエリマキトカゲはオーストラ

UMA

EMA

リア産だから南米にいるはずはない、と考えていました。あの〝小恐龍〟トカゲには、例の首のまわりからパッと開く襞襟《ひだえり》もついていなかったし……、あいつはエリマキトカゲ以外にただ一つ、立って歩けるトカゲなのでしょうか？

帰国してから何かの折りに、水の上を立って走るという素晴らしい特技を持ったバシリスクと呼ばれるトカゲが南米にいることを知りました。立って歩くトカゲはこれで三つあることになる。そのうちに一九八四年（昭和五十九年）、日本でエリマキトカゲブームがワワーッという勢いで巻き起こりました。私はそのおこぼれにありついて、実業之日本社から子供向け『エリマキトカゲびっくり大百科』を出しました。テレビの仕事で南米コスタ・リカを訪れ、水たまりの上をパッパパッパッと波紋を連ねて走るバシリスクトカゲを、見ごとフイルムに収めることも出来ました。

さらに、もっとあとの一九九一年になって、あらゆる恐龍関係の新資料を調べまくって書いたマイケル・クライトン著の『ジュラシック・パーク』の発端では、体長三〇センチそこそこの〝立って歩くトカゲ〟が登場し、女の子に咬みつきます。そこの部分にも、立って歩くトカゲはせいぜい十種だと説明してありました。そのうち四種が中南米に住み、女の子に咬みついたのはおそらくバシリスクだろうと……。しかし、そうではなかったのです。まさしく、〝小恐龍〟だった。どこが違うか？　恐龍はいくら小さくても後ろ足の指が三本。尾

バジリスク

エリマキトカゲ

のつけねが太く、体を立てる時のバランスを取る。だからトカゲと違って、体が前へ傾きもせず、じっと立っていられるし、長距離を走ることも出来ます。首もバシリスクやエリマキトカゲより長い。それが実はプロコンプソグナートゥスだとわかったのです。バシリスクやエリマキトカゲの指は五本です。私がブラジルのピメンタ園で見た〝立って歩くトカゲ〟の後ろ足の指も五本ありました。マイケル・クライトンの小説『ジュラシック・パーク』にはこうしたデータが書き込んであって、大旨正確です。映画化されたのは一九九三年でした。

私は単行本でエリマキトカゲと関係し、テレビではバシリスクトカゲの実物撮影に成功したわけですが、この二つの件と映画、原作両方の『ジュラシック・パーク』との間に、別のUMAを知ることになりました。それはマウンテンブーマーというもので、『惑星動物の謎』という本のなかでそれを要約紹介した斎藤守弘氏によりますと、「アメリカ西部に出没し、最大で三十三センチ、長い尾があって、後ろ足で立って走りまわる。その恰好は太古の恐龍そっくり。目撃者は大ぜいあり、その人たちによるとマウンテンブーマーには毒もあり、唸り声も発する」というのです。後ろ足の指の数については書いてありませんでした。

これによって私の見聞した立って歩くトカゲは四種に達したわけですが、〝私の小恐龍〟は、果してマウンテンブーマーの南米版でしょうか？　斎藤さんは要約しか示しておられないので、そのへんのところはわかりません。〝小恐龍〟は確か毒もなく唸り声も出さなかったと思いますが……。私もカメラは持っていなかったし、捕えもしなかったので、かのピメンタ園のトカゲたちについて、それ以上のことはいえないわけです。

グリプトドン

UMA
EMA

彫歯獣《ちょうしじゅう》グリプトドンは原始人の墓の屋根？

貧歯目の動物たちは一種も日本には分布していないにもかかわらず、奇獣揃いなので日本にも古くから知られておりました。獺獣《らいじゅう》（ナマケモノ）、喰蟻獣《しょくぎじゅう》（アリクイ）、犰《きゅ》狳《うよ》（アルマジロ）、がその三大代表種です。同じように、それらのはるかに古い形の巨大種たちも、ちゃんと漢字に訳され、伝えられています。大獺獣《だいらいじゅう》（メガテリウム＝オオナマケモノ）、磨歯獣《ましじゅう》（ミロドン）、そして、彫歯獣《ちょうしじゅう》（グリプトドン）などがそれで、むろんとうの昔に滅亡して化石になってしまったんだと日本では説明されていました。

それはたとえば、メガテリウムとその仲間の研究で名声を馳せたヘルマン・ブールマイスターの説でした。ブールマイスターは一九世紀後半の保守的懐疑主義者でした。その頃、ミロドンの化石になった足跡が米ネヴァダ州で見つかり、ロスアンゼルス郊外では有名なランチョ・ラ・ブレアのタール池から、サーベルタイガーの骨と一緒にミロドンの頭骨も見出《みいだ》されました。そこでこれらの動物が氷河期の済んだあとまでも生存し、人類と同時代に生きていた、接触してもいたのではないかという説が主張されたのですが、ブールマイスター一派はガンとしてそんな説は認めませんでした。

「人類は氷河期ののち、はじめてベーリング海峡をわたって北米大陸に入ったのだが、その時はミロドンもメガテリウムもグリプトドンも絶滅していたのだ！」と彼らは傲語《ごうご》していました。

しかるに、学問の師は研究開発が進むとしばしば弟子に反逆され、発見された事実にシテやられます。ブールマイスターもアルゼンチン人の弟子フランシスコ・モレーノ、フロレンティーノ・アメギーノなどに完全にたたきのめされます。

「しかし先生、アルゼンチンのパンパス（乾燥した、植物の少ない平原地帯）の洞窟には巨大な動物が住んでいて、今でもいるといわれています」

「しかし教授、パタゴニアには人間に似た顔で、先住民が弓矢や陥穽《おとしあな》で捕らえる動物がいるということはゲスナーの書にも出ています」

弟子たちがこのくらいのことをいっているうちには、ブールマイスター先生もふんとセセラ笑っていられましたが、北米でもアルゼンチンでも、ブラジルでも、ミロドンやグリプトドンがインディアンやその他の先住民と同時に生存していた証拠があらわれてしまったのです。

先住民と巨大型貧歯類の骨がミシシッピー河の流域や、ブラジルの洞窟や、アルゼンチンの粘土層の、同一場所から発掘されたわけです。どっちも化石ではありませんでした。

アメギーノは、アルゼンチンでグリプトドンの固い背甲《はいこう》の下に入っている人骨を見つけました。明らかに小屋かお墓の屋根にグリプトドンの巨大な半球型の背甲《はいこう》を利用したものでした。

ブールマイスターは真っ赤になって、頭から湯気を立てながら、

「人類は万一、メガテリウムやグリプトドンに出会ったかも知れないが、ミロドンその他の大型被甲《ひこう》動物が有史時代まで生き延びていたなどということはありえない！」と怒鳴りました。

ところがアメギーノたちは、パタゴニアの南部の牧場の垣根に表札代わりにかけてあった、豆粒のような骨性突起とこげ茶色の毛でおおわれた皮を見つけました。それはマゼラン海峡に近いガレゴス河のそばで農園を営んでいるエーベルハルトという名のドイツ人のもので、彼が一八九五年に、近くにある洞窟を探険しました。その洞窟の奥に棚のようなものがありまして、一体の人骨と一緒に、長さ一メートル半、幅七十二センチ、厚さ二センチもあるその動物の皮が、裏を外にして丁寧に巻いて、埋めてあったというのです。エーベルハルトはそれを持って帰って、牧場の垣根にかけておいたのです。

「それは非常に古いものに相違ない」とブールマイスターはいいましたが、アメギーノは「イヤ、近年になって殺されたミロドンの一種の皮です」と主張したので、ブールマイスタ

ーはまた怒りました。

老年に及んで自説をでんぐり返すような事実を突きつけられたブールマイスターに比べて、アメギーノは幸運児でした。ミロドン類のものとされたその毛皮の見つかったエーベルハルトの農場のあったところは、ウルティマ・エスペランサ（最後の希望）という大変意味ありげな名がついていましたが、アメギーノにとっては希望《エスペランサ》のはじまりでした。

その近くの、もう一つの洞窟が見つかり、その入口のまわりには石を積んだ壁がつくられ、乾し草の束や乾いた枝や葉が残っていました。まるで何かの家畜を飼っていた痕跡のようでした。洞窟の床を掘り返すと、ミロドンと思われる骨が出て来ました。しかもその骨は化石どころか、折られたり砕かれたり火であぶられたものでした。古代人類がミロドンやグリプトドンを捕まえて飼っていたのか、または捕まえて来て殺して骨の髄まで食べたのです。

名だたる科学者がドイツ、スイス、イギリスから集まってくるウルティマ・エスペランサ・ブームが沸き起こりました。ブールマイスターはまさか、あんまり怒って血圧が上がったせいでもないでしょうが、一八九二年にこの世を去りました。あとは成功した、アメギーノの天下でした。

彫歯獣《ちょうしじゅう》グリプトドンは、その小屋やお墓の屋根に使われたという背中の差し渡しが、三メートルもあって、〝アルマジロの化物《ばけもの》〟と称されます。しかし、正確には彫歯上科《ちょうしじょうか》（グリプトドントイデア）に属します。アルマジロはアルマジロ（犰狳《きゅうよ》）上科で、現生種にも尾を入れないで体長一メートルもあるオオアルマジロがいますが、グリプトドンよりずっと小さい。

グリプトドン類はアメギーノが多くのものを発見記載していますが、みなアルマジロのように体をクルッと丸くして身を守ることは出来ません。カメのように頭と尾を胴甲《どうこう》（背甲《はいこう》）の下に隠したらしい。骨格を見てさえカメのように見えます。

グリプトドンの仲間のドエディクルスには、太くて長い尾の先に、トゲだらけの球状の武器を持っているものもありました。これは下からティラノサウルスの足を、尾の先の〝棍棒《こんぼう》〟でガンッとぶっぱらったアンキロサウルスの後継者というべきもので興味を引かれるところであります。

磨歯獣《ましじゅう》ミロドンのほうは、体の大きさがウシほどもあって、長毛でおおわれているのでアルマジロよりナマケモノに近いようでもあり、しかし例の皮が示しているように、豆粒状の結節《けいせつ》がその下に具わり、体を守っていることではアルマジロに近い。つまり、中間型であり、〝自然界の試作品〟とでもいったらいいのでしょうか。けっこう、化石のなかにはこのタイプのものを見出《みいだ》すことがあります。ミロドンは吻部が貧弱で、四肢も後肢のほうが発達し、前肢を地に突いたら後ろ半身のほうが高く見えたでしょう。前肢の指のうち二本、後肢の指

ドエディクルス

ミロドン

のうち三本が縮小しています。このミロドンが古代インディアンに洞窟で飼われていた？と考えられていた動物です。

アメギーノの友人セバスティアーノ・ロートは家畜だと断言し、UMA研究家ベルナール・ユーヴェルマンスは「そんならどうしてその後は続かなくなったのか？　一旦、家畜になったものがそのあと、家畜でなくなったという例はない」と反対し、『世界動物発見史』の著者ヘルベルト・ヴェントはその洞窟小屋状に見える構築物を「仕掛け罠《わな》であった」と主張する人を支持しています。入口に石の壁を築いた穴のなかへ乾し草、枝、葉などを積んで〝置き餌《えさ》〟にして、そこへ次々とミロドンを誘《おび》き込むことが出来るものですかな？　私はかなり疑問だと思います。貧歯類は一般に知能は低くて温順なものです。その点で家畜説のほうに一味しやすいわけです。また仕掛け罠《わな》説、家畜説、どちらにしろミロドンもグリプトドンも人類によって滅ぼされたのだという主張もあります。これもどうでしょうね？　罠《わな》で捕ったり、飼っておいて殺して食ったからといって、その動物が全滅するとはいえますまい。

古くからパンパスに巨大動物が住んでいるとか、パタゴニアに人間に似た顔で、先住民に弓矢や陥穽《おとしあな》で捕らえられている動物があるという言い伝えのほかに、かつてアルゼンチンの内務大臣であったラモン・リスタの報告書というものもあります。一八九八年頃、リスタは何人かの友人とともに探険旅行をし、「体つきはアルマジロに似ているが、ずっと大きく、毛の長い生物を見た。銃で撃っても傷もつかず逃げうせた」と報告書に記しているのです。これを読んだアメギーノが「ピクリと眉を動かした」のは当然でした。ミロドンに違いない。だから、小結節《しょうけっせつ》と厚い皮でおおわれた体に弾丸《たま》も通らなかったのです。見ろ！　私のミロドンは生きていたのだ！　アメギーノは早速、大探険隊を繰り出しましたが、そこまで問屋は卸しません。グリプトドンもミロドンも発見は出来ませんでした。

しかし、ほかの探険家で、「人間に似た顔をして、立って歩くクマを見た」と語っている者もあります。また別のところでは、ミロドンかクリプトドンの排泄物が見つかり、それはまだ新しくて、キク科、アオイ科、アブラナ科の植物、その上、牧草までが半分消化して、含まれていました。これだけ揃えば、〝生存説〟は充分立てられます。アルゼンチンか、ブラジルのパンパスや山地に、グリプトドンとミロドンは今なお歩きまわっているかも知れません。

モア

UMA

EMA

巨鳥モアの目撃者は果して〝本当のモア〟を見たのか？

絶滅種も現存種も全部引っくるめて、「一番背の高い鳥」はモアであります。モアのなかでも最大というと三メートル六十センチ。また、「一番重い鳥」はイピオルニスで、推定重量五百キロあった。背の高さも、イピオルニスは現生のどんな鳥よりも高いのですが、それでも巨鳥モアには及ばず、最大で三メートルというところでした。

モアも、ヨーロッパ人に知られはじめた頃は「四メートルも、五メートルもある」と伝えられ、「ワカプナカ山脈中にまだ生き残っている。近づいた者はみな蹴り殺される。二頭のオオトカゲに守られている」などとマオリ人がいうので、白人の学者たちは、「なんだそれは、神話伝説のたぐいか」と鼻であしらいました。ワカプナカ山脈はニュージーランドにあり、マオリ人はそこの先住民族です。ワイトレキ以外には（?）哺乳類のいないニュージーランドこそ、巨鳥モアの故郷でした。

モアは一九世紀の偉大な比較解剖学者（古生物学者）リチャード・オーウェンによって、デイノルニスと名づけられました。日本人はそれを恐鳥と訳しました。オーウェンでさえはじめてモアの骨を見た時、ウシかウマの骨かな？　と思った。それぐらい大きかったのです。モアというのはマオリ語だといい、イヤ英語だとか、ポリネシア語に起源があるとか、マオリ人はモアを本当はタレポと呼んでいるとか、一八四二年この方、この主題を論争するだけで「洪水のように大量のインクが流された」（『世界動物発見史』の著者ヘルベルト・ヴェント談）。

モアは一九世紀初頭のアザラシ猟師のアメリカ人に発見の優先権があるとヴェントはいっています。印刷屋W・コレンゾー、宣教師W・ウイリアムズ、商人ポラック、動物採集家ルールなどの面々が、一九四二年以来、呆れかえって書物を放り出したくなるくらいくだらない大激論をやったのです。そのためヴェントの口調は裁判で論告するような口調になるのです。一八五九年以後のある時、J・ヘクター卿という鳥類学者が、オーストラリアにあるジャクスン湾のほとりで、〝聞き慣れぬ唸り声〟を耳にしました。それが、モアの声であったといいます。この声を聞いた人さえヘクターではない、では誰だ、俺だ、なにがしだと争論のタネになり、その後、聞いた人もないとあって、謎の声になっています。

発見が一八四三年だとして、オーウェンは恐鳥モアはニュージーランドの北島と南島を分けるクック海峡のドルヴィルその他の島々に今でも住んでいるであろうといっています。その頃はまだいたのかも知れません。

ロバート・フィッロイは自然科学者のダーウィンが乗った観測船ビーグル号の司令官だった人です。この人が一八四四年にニュージーランドのウェリントンでハウマタンギという八十五歳のマオリ人長老に出会いました。ハウマタンギは七十年前、キャプテン・クックに会ったことがあるという老翁でした。彼はフィッロイの問いに答えて、

「わしが子供の頃はモアを何回か見たことがある。最後に見たのはキャプテン・クックに会ったより二年前じゃった」と述べました。

フィッロイはカワナ・パパイという老翁にも会い、一七九〇年頃加わったという〝モア狩り〟の状況を聞きました。それによると確かにモアはその太く長い頑丈な足で蹴って自分の身を守るのでした。そして〝狩り〟がしょっちゅうマオリ人によって行なわれたのですから、一七九〇年頃には、まだモアはたくさんいたことがわかります。

W・ウイリアムズ牧師は一八四〇年代のある時、モアの足跡を見た。ニュージーランドのクラウド湾に住む機械工から、「モアはホワイ・イチの山林に今でも生きている」ということを聞きました。さらに二人のアメリカ人が、四メートルもある背の高いダチョウの化物《ばけもの》のようなトリを見ましたが、撃たなかったという話もウイリアムズ牧師は耳にしました。これらが信じられるならば、オーウェンのいう通り、恐鳥モアは当時までは、いくらかは、生存を続けていたことになります。

それで終わりならば、モアは典型的なUMAです。ところがモアには五つの属があり二十三〜三十七種もあって、大きい奴ばかりではない、シチメンチョウくらいのモアもいるんだということが解明されて来た現代ではどうか？　モアはUMAか、EMAか？

モアは化石、遺骨、靭帯《じんたい》や肉や皮の一部から羽毛さえついた体まで発見されていますからUMAではない。「標本という証拠」を持ったEMAです。たくさんあるモア関係の本や鳥類学の記述には絶滅と明記してあります。

それでも、次のようなデータならあるのです。一八六〇年、ある一人の牧羊者《ひつじかい》がニュージーランド南島の山地、マナプリ地方で、ワイオー川の土手に、一羽のモアが佇《たたず》んでいるのを見た——と語っています（私には、この話のたたずまいが、なんともいえず印象的です）。

次は、一八七〇年。ロバート・クラークという老紳士が、英ロンドンで「四十年前、ニュージーランドにいた頃（つまり一八三〇年）に、足と首が長くて、頭に房があり、頭の上には肉冠《にくかん》のある巨大な鳥を見たことがある」と、王室侍医、コットウェルに話した——というものです。

もう一つのデータは、まざまざと生きているモアを見たという例ではないのですが、メーリングとブランナーというニュージーランドの登記所の官吏が、一八六〇年の日づけで、記録しているものです。その年、二人で、ニュージーランド南島の西部を踏査していて、巨鳥モアの新しい足跡を見つけました。その足跡は、多くの洞窟のある地域に向かっていました。この洞窟のなかの一つに、今でもモアが独りで住んでいるに相違ない――と記しています。なんという好奇心の欠けた役人たちでしょう。それ以上足跡を跟《つ》けてみもせず、洞窟に入ってみようともしなかったのだ！

私はこれらのわずかな目撃談を事実と信じてもいいのです。しかるにヴェント氏は、例のワイトレキ（一四六ページ参照）を追求したF・フォン・ホッホシュテッターの話を書いて、私をガッカリさせました。ホッホシュテッターはニュージーランド人の友人ユリウス・フォン・ハーストからの手紙で、これまでに生きた姿を目撃されたモアは、実は大型キーウィーだったんだと書いてよこしたのです。ホッホシュテッターはそれを自分のモア調査の結果と照らし合わせて、信じないわけにはゆかなくなりました。マオリ人もキーウィーには大小二つあり、小さいほうが、今私たちの知っている「翼のない夜行の鳥キーウィー」で、そのほかに大型キーウィーがあり、マオリ名はロアロアというのだ。そのロアロアと、目撃されたというモアは、結局同じものだとわかった、というのです。

その大型キーウィー、ロアロアも絶滅しているんですから、本当の恐鳥モアと運命をともにしたわけです。

キーウィー

オーウェンやハックスレイは結局モアとキーウィーは正確な区別はつけられない、同系統の鳥であろうといいました。しかし現代の鳥類学では、「形態的に明らかに違っていて、モアとキーウィーが最も近縁だということはまったくなさそうである」（Ａ・フェドゥシア著『鳥の時代』）と判断されています。これでモア類と大型（絶滅）キーウィー、小型（現生）キーウィーとは別物だということはわかりましたが、目撃例が大型キーウィー、ロアロアだったのなら、ロアロアも、本当のモアも、一八四〇年代の発見当時には、まだ生きていたのだ、ということしかいえません。資料を追求するとそういうことになり……私にとって、モアはわずかに生存説はありますが、大型キーウィーとともに、今はいないのだと諦めるほかはなくなります。〝イオー川の土手に凝然《ぎょうぜん》と佇《たたず》む大型モアの孤独〟という私の夢は消えたのです。

タスマニアオオカミ

UMA

EMA

タスマニアオオカミはもはや駄目か？

一頭のブルテリアが、ある時フクロオオカミ（タスマニアオオカミ）を攻撃し、ある岩穴の住処《すみか》のなかに追い込んだ。そこにいて、フクロオオカミは岩壁を背にしてすっくと立ち、左右から交互に突っかかろうとするそのブルテリアを、顔をめぐらしながら牽制した。そのうちに、ついにイヌが近づくと、フクロオオカミはキツネのように鋭く犬歯をふるって、イヌの頭蓋骨の一部をペリッと咬み取った。イヌは脳が飛び出し、溢れ、そして死んだ——。

オーストラリアのヒュー・S・マッケイ氏の書いた、ブルテリアとタスマニアオオカミの遭遇戦描写です。こいつは、かなりのものです。「頭蓋骨の一部をペリッと咬み取った」という描写はぞっと来るような凄味があります。その上、ブルテリアという奴はなみたいていの猛犬ではないのです。視力が悪いくせに恐ろしく無鉄砲で命知らずで、コリーやシェパードも三舎を避けるのです。オオカミの鼻と目の中間の部分に食いついて、倒したブルテリアさえあります。それをこのタスマニアオオカミは一刹那のうちに殺して、半歩も退《ひ》かなかったのです。

UMA

EMA

タスマニアオオカミはむろん、オオカミではない。食肉目ではない。有袋目であります。タスマニアオオカミの腹部の後方には、小さく三日月形の「袋の口」があって、いつもは閉じてあります。そのなかには、四匹までは仔を育てられるらしく、乳頭が四つ具わっています。そのなかでざっと三カ月ほど、仔は育てられると考えられています。

隠処《かくれが》のなかに草の葉で隠されていたサイラシン（タスマニアオオカミの別名）の仔を見つけたという話もあり、大きくなって袋のなかに入り切らなくなった仔を隠しておくのだと思われます。タスマニアオオカミの母は、よくその仔たちを守ります。またタスマニアオオカミは孤独で生活をし、群れをつくらないのが本当のオオカミと違うところですが、交尾期には夫婦が一対で暮らします。

それら以外にも大変オオカミに似ているところが多く、頭骨などはそっくりです。耳の立ち方、口先が長く突き出しているところもよく似ていますが、タスマニアオオカミのほうが耳は小さく丸っこい。また十七〜十八余の非常に特徴的な横縞《よこじま》が、タスマニアオオカミの背中の後ろ半分から尾にかけてついています。またオオカミのように尾をふり動かしたりせず、タスマニアオオカミの尾はほとんど棒状で真っ直ぐなままです。足もオオカミのほうが長く、恰好がよく、快スピードが出るようにつくられています。イヌよりスピードが出せるのです。

タスマニアオオカミの足は短く、特に後ろ足のかかとから下が短いので、後ろ半身の恰好

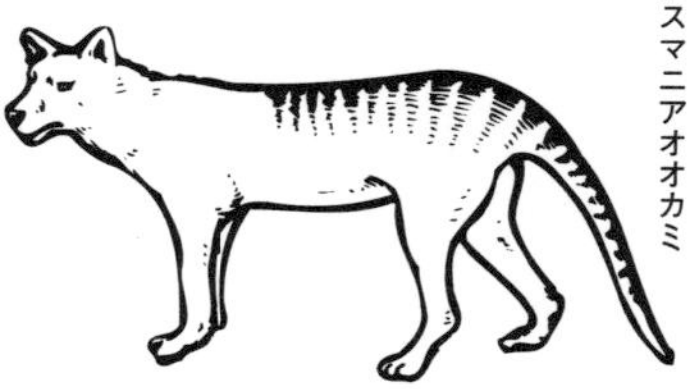
タスマニアオオカミ

オオカミ

はよろしくありません。で、スピードも出せず、少しひょろついていて、その変わり粘っこく、しつこく、獲物を追い倒します。つまりタスマニアオオカミは一匹で獲物に密着し、相手がヘトヘトになるまで跟《つ》けまわして、ついに倒すという猟法を取るわけです。

獲物は小鳥、小哺乳類、ワラビーやカンガルーで、それくらいにしておきゃあよかったのに、人間が目の前で飼いはじめたヒツジの味を覚えたのが運の尽きでした。タスマニアオオカミには偏食の癖があって、ヒツジならヒツジを食べ慣れると、そればっかり食べるという説もあります。およそ、オーストラリアでヒツジを食べたら百年目！　牧羊者、開拓民に一番憎悪されるのです。

その上、タスマニアオオカミ（サイラシン）には、ヒツジを殺しますと、首のまわりから吸血し、腎臓、またはそのまわりの脂肪だけ食って、あとは捨てて行ってしまうという、いっそう白人たちに憎悪される習性がありました。もっとも、こいつはタスマニアオオカミを血に飢えた悪鬼のように憎んだ牧羊者たちの、言いふらした悪声《あくせい》だともいいます。つまり直接牧畜に関係のない人たちまで誘発しようとしたあじり文句だともいわれます。何しろ「オーストラリアの動物中、最悪。危険。その惨状はタスマニアオオカミこそ開拓者最大の敵と呼ばしめている、うんぬん」という博物学者ジョン・グールドの悪罵すら、『世界動物発見史』の著者ヴェントによると「牧畜者たちに比べたらズッとおだやかでやさしいものだった」

UMA
EMA

というんですから！

かくて、一八三六年にはオーストラリア本土にはまだいるし、タスマニア島には普通にいるとされたタスマニアオオカミが、一八九四年にはもう絶滅寸前とライデッカーという人によって報告され、一九二八年にはロードというナチュラリストが、「開拓地にはもういない、未開の西部でも危ない、捕らえて保護しようにも、捕らえると抵抗してひどい手負《てお》いになり、飼育は難しい」と述べる始末。

その上、タスマニアオオカミには、ディンゴーというライバルがありました。これは古代パプア人がもたらしたイヌ科動物で、野生化したのがオーストラリア本土に展開し、ヒツジを捕食し、直接にタスマニアオオカミを殺しもして、タスマニアオオカミを追い詰めたのです。どうも体格にあまり差がないような時、有袋類は食肉類に競い負けるようです。

特にディンゴーはイヌ科の性《しょう》で群れもつくりますし、人に慣れやすく（悪いことに）、けっこうかわいいのであまり憎まれないということもあって、タスマニアオオカミを本土から駆逐《くちく》してしまいやがった。タスマニアオオカミはこのようにして本土からは姿を消し、幸いにもタスマニア島にはディンゴーがいなかったので、そこでは生きてゆけました。名前もタスマニアオオカミとつけられた、という次第です。

そのうちにタスマニア島でもこの印象的な縞を持った肉食性有袋類の存在は怪しくなって

ディンゴー

来るのですが、まだかなりいた頃の動物解説書には、一九〇〇年のはじめまではとして、タスマニアオオカミはブルテリアとの決闘の例でよくわかるように、「イヌと勇猛に戦うので、タスマニア島ではかなり恐れられている」とあります。タスマニアオオカミは上下の顎が鈍角をなすくらい、グワッと口を開けることが出来ます。「生け捕られた最後のタスマニアオオカミの写真」というのがあって、右を向いて、カーッと九十度以上も口を開けているのをご覧になった方々も多いでしょう。あれならイヌの首でもヒツジの首でも、一口に咬みつけるでしょう。

一九六八年五月二五日、タスマニアオオカミの残存説をオーストラリア・ヘラルド紙に寄稿した動物学者グラハム・ピゼー氏は、一九六三年にある洞窟（オーストラリア本土）で電気工の靴に踏み砕かれたタスマニアオオカミの白骨を見ました。一九六六年には本土のユークラ地方の洞窟で、毛も皮もひからびた目玉まで保存されたミイラ状の死体が発見され、ひょっとすると半年くらい前に死んだタスマニアオオカミじゃないかと考古学者D・メリリー博士はピゼー氏にささやきました。ピゼー氏はその記事を書くより数日前、ヴィクトリア州ベルモントのクランク・ダービー氏にインタビューしたが、氏はタスマニアオオカミの飼育経験を持つ唯一の人であった。ただしそのタスマニアオオカミは本土で捕らえたものだといってはいません。

一九六六年、本土のヴィクトリア州オートウェイで、ある小学校の校長先生がドライブ中、路傍でタスマニアオオカミとしか思えないものを目撃しました。たぶん本土ではこれが最後の目撃談であります。タスマニア島でも一九三七年にはかろうじて「二十頭ほど生存していた」、一九三九年には「多少まだ見られる」、一九四九年には「ナショナルパークに残存」としていますが、一九六八年には日本で『猛獣』という本を出された女子栄養大学の小原秀雄さんが、タスマニアオオカミの写真のネームに「今、タスマニア島に最後の一頭がいるかどうかという状態……」と述べるにいたってしまいました。

その後も「見た」という人はありますが、オーストラリア本土とタスマニア島には「タスマニアオオカミ調査委員会」という組織があって、せっかく「見た」というものを、「調査の結果、イヌの誤認と判明」と、片っ端から否定してしまいます。

一九五七年にも、タスマニア島の西海岸で、ヘリコプターの上から「縞があってタスマニアオオカミと思われる動物を目撃、写真に撮った」という報告があり、捕らえて研究しようと努力がなされたのですが、不成功……。これがほとんど、一番確かな例なのです。一九六八年にピゼー氏は、「タスマニア島にはまだきっといる!」と信じて、オーストラリア・ヘラルド紙に寄稿したのでしたが、私も氏と同じ希望を抱いています。しかし、希望を抱いている、というだけなんです。

ニホンオオカミ

UMA
EMA

ニホンオオカミ——絶滅したなどといおうものなら大変なことになる

明治三七（一九〇四）年七月のこと、大英博物館とロンドン動物学会が東アジア動物学探険隊を企画しました。その隊員の一人、マルコム・アンダースンが日本を訪れます。氏はジャパン・タイムズで通訳兼助手を募集し、それに応じた金井清を伴い、明治三八（一九〇五）年一月一三日、奈良県の鷲家口《わしかぐち》というところへやって来ます。一三日の朝、三人の猟師が一頭のオオカミの死体を運んであらわれます。その時アンダースンは捕らえたネズミを剥製にしていたところでした。アンダースンは八円五銭で買おうとし、猟師たちは十円以上と吹きかけます。交渉は金井清が口をすっぱくしてもまとまらず、猟師たちはいっぺんオオカミを引っ担いで帰ろうとしたのですが、アンダースンは待ってくれとはいいません。ついに猟師のほうで折れて、アンダースンの言い値で、オオカミは日本人の手から米国人の手に売り渡されました。アンダースンがその皮を剥ぐのを、猟師たちは宿の縁側で、ナタマメ煙管《ぎせる》を斜《しゃ》にかまえて、プカリプカリと吹かしながら、呑気そうに見ていたということです。

これがニホンオオカミの最後の姿となるとは、神ならぬ身の、誰も知らなかったのである、などというと大騒ぎがはじまります。ほうぼうに、「そのオオカミがニホンオオカミの最後ではないっ！」といって、怒る人がいるのです。

一九〇三年は明治三六年。日露戦争の最中のことです。その頃まではオオカミは日本各地にまだかなりいました。明治天皇が地方を御旅行なさった時、捕らえたオオカミをご覧になったという例もあります。もっとも、その頃からもうだいぶ減少していたというデータもあります。アンダースンが皮を剥いだ頃はまだいたでしょうが、それからは、ニホンオオカミが当然群れをなして、シカ、イノシシなどをハンティングしていた時代とは違って、彼らを養ってゆけるだけの自然の豊かさが失われました。

また一説には、明治時代に輸入された西洋犬から伝染したジステンパーというイヌ特有の病気がオオカミにも波及しました。これは家族生活をするオオカミにとっては、たまったものではなかったという原因もいわれています。それらの理由で減っていって、アンダースン以後には、確かにオオカミだという証明のついた標本は一体もありません。今、日本にはニホンオオカミの標本は二体しかありません。一つは和歌山大、一つは東京大学に保存されていますが、それらさえ明治三八（一九〇五）年、日露戦争終結の年より前に殺したものだというのです。これが、いわば「正史」です。何をぬかす、それは「表向きの歴史」だ、と主張するのが反対派です。
ニホンオオカミは少しも大きな恐ろしげな動物ではありませんでした。体長九十五センチ〜一メートル十四センチ、尾の長さ約三十センチ、おおよそ中型日本犬くらいのサイズでした。現存種でいうとインドオオカミに近い。これは足も耳も短く、大陸系のシベリアオオカミとは比べられなかった。ニホンオオカミもそうでした。しかし、小柄だといったところでたいていのイヌより足は長く、力も強かったらしいのです。

江戸時代の南部藩ではさんざんウマを食い殺されたそうです。ある例では火を焚いてオオカミからウマを守ろうとしたら、〝猛獣は火を恐れる〟なんて嘘のコケで、ひらりひらりと火を飛び越えて襲って来たそうです。だから、講談にしょっちゅう出て来るオオカミの群れを、豪傑がやっつけるという話も、誇張した作り話ですが、可能性はあったわけです。そこで、〝送り狼〟とか、〝狼火《のろし》をあげる〟とか、〝狼が衣を着たようだ〟とかいう言葉、たとえが今でも伝わっているし、狼信仰も行なわれ、それにまつわる神社も、オオカミを描いた火よけのお札《ふだ》も、今なお残っているのです。ヤマイヌというのも、説明すれば長くなりますが、結論だけいえばオオカミのことです。

時は移り星は流れて、現代。あれ以来、標本という実体を伴ったニホンオオカミはあらわれていません。普通ならこれで人々はその動物を絶滅したと認めるのですが、ニホンオオカミに限ってそうはゆかないのです。私が新書本にニホンオオカミも北海道にいたエゾオオカミも絶滅したと書いた時なんかは、抗議、否定の手紙やハガキが殺到するし、電話では特別熱狂的なニホンオオカミ研究家が、「あんたは知らないんだ、今でもいるんだ、私も見たことあるんだ、私以外にも、だれそれはいついつ、どこそこで目撃した、ほかにも例がある、無数にある、いいか、ちゃんとメモしておけ、どこそこで、誰それが、昭和何年に……」と、もう打ち寄せる津波の如くしゃべりまくって、電話の線が溶けそうになりました。

ましてや、テレビで「ニホンオオカミですか？　あれは明治三八（一九〇五）年に鷲家口《わしかぐち》というところで……」とうっかり、口をすべらせたら最後、うぬは何も知らん、ニホンオオカミ絶滅論者からいくら貰った、イメージをこわしやがった、神経を逆撫でされた、いるんだ、なぜなら、私がいると信じるからだ！　とあらゆる通信手段で否定し罵倒して来るのです。一般にオオカミというものには、ゾウ、ライオン、ワシ、ツルなどという鳥獣たちとは質的に違うような、妖精《ようせい》の魅力があるんですな。一般にいってもそうなのですが、日本人のオオカミ熱心家は、エゾオオカミにはけっこう関心がなく、シートンの『狼王ロボ』に愛着するのでもなく、ただひたすらにニホンオオカミに〝帰依《きえ》〟しています。

それがどこから生じたか？　ある犬科動物の専門家によりますと、それは民俗学の泰斗・柳田國男の影響ではないかといいます。柳田國男には久しく私も私淑《ししゅく》していましたが、この偉大な碩学《せきがく》にはオオカミの話の出て来る『遠野物語』や、『狼と鍛冶屋の姥《うば》』や、『食はぬ狼』などの論考があります。特に昭和八（一九三三）年の『狼のゆくへ』でニホンオオカミ残存説を主張しています。それがみな実になんともいえず滋味《じみ》があっておもしろく読める名文ですからたまりません。オオカミ話に限っていっても、まるで徳川時代末期の頼山陽《らいさんよう》の『日本外史』が、あらゆる武士を刺激したように、研究家が各地に増え、なかには岸田日出男氏のようにニホンオオカミの探求に一生を捧げ、「日本狼物語」という書物まで書く人もあらわれました（昭和一二年。ただしこの本は出版されなかったそうです）。

私の世代ではニホンオオカミ熱狂家の代表者は斐太猪之介《ひだいのすけ》氏でした。氏が柳田先生に心酔してその研究にかかったのかどうかは存じませんが、何しろ大変な探究者で、氏によれば和歌山県の山奥などはニホンオオカミの巣窟で、そのなかの獣道には〝狼銀座〟といってよいところもあるとのことです。しかも斐太《ひだ》氏の説では、氏のいうオオカミは狼《ウルフ》ではない。私たちのいうニホンオオカミでもない。全然別の「オ・ホ・カ・ミ」という動物で、犬科でさえないというのです。そうだとすると、〝スーパーUMA〟ともいうべき謎の存在、未公認の新種だということになります。そんならまったく別問題。

ニホンオオカミがいた、捕まえた、写真に撮った、というトピックニュースは、私の計算では四〜五年に一度のサイクルで起こっています。鼻づらの長い目つきの悪い、さもオオカミぶった幼獣の写真が新聞に出たこともありました。ひと通り騒がれ、斐太氏《ひだ》が太鼓判を捺し、たとえば筒井嘉隆《よしたか》博士のような動物学者が鑑定して、「イヌだよ」、あるいは「タヌキの仔です」といって事件は終わる、というのが、いつものパターンです。

最近の例では、平成十二（二〇〇〇）年頃、『週刊プレイボーイ』誌が、「九州にニホンオオカミが生きていた?」と報じました。福岡県の高校の校長先生・西田智さんが写真に撮ったというのです。動物の調査で九州中部の山地を歩いていると、体長一メートルくらいのイヌに似た動物が、三~四メートルの距離まで近づいて来ました。夢中でシャッターを切っているうちに、山頂のほうへ走り去りました。

東大の野生動物保護学会でその写真を発表したから大騒ぎ。ある先生は肯定。ある先生は「シェパードか雑種のイヌですよ」と否定。それを別の学者が反論、ニホンオオカミを探す会の八木博さんが再反論。

「私も三年前に見ましたからね」

ついには、オオカミだとしたほうがロマンがあってよろしいじゃないですか……、あたりで、チョンである。ニホンオオカミ追求の世界にも世代交代が行なわれたらしく、岸田氏の本を引用する人もなく、斐太《ひだ》さんの名を出す人もありませんでした。おそらく、あと四年もすれば、またはじまることでしょう。しかもこの時の「九州のニホンオオカミ」は、写真があるというのに、「諸事情によりお見せすることが出来ません。ゴメンナサイッ!」と解説が入った再現イラストしか、誌上には載っていないのです。

かつて私の友人、東京放送の小野満春氏は、このように時々チラつくニホンオオカミを、こう解釈しています。

「ニホンオオカミはその側頭窩《そくとうか》の孔《あな》が六個ある。これはオオカミ、キツネ、イヌのそれより一個少ない。すると、〝いわゆるニホンオオカミ、またはヤマイヌ〟は、史前野生犬とでもいうべき、旧世代の犬科動物の生き残りかも知れない」

これは一案だと思います。そして私は本当のニホンオオカミはもう日本の自然界にはいないと思います。

ムジナ

UMA

EMA

ムジナ？　マミ？　タヌキ？　の混合で人を化かすつもりか

日本書紀の垂仁天皇八七（西暦五八）年の条に、丹波の国でイヌが牟士那（ムジナ、貉）を咬み殺した。そのムジナの腹のなかから勾玉《まがたま》が出て来たという奇話が載っています。これがムジナの最古の記録です。

続いては同じく日本書紀の垂古三五（六二七）年の条に、「二月、陸奥《むつ》の国に貉（これもムジナと読む）あり、人に化して以て願う」とあり、続《しょく》日本紀にも同じ記事があって、ただし「人と化して歌を歌う」となっています。この「貉または貉」は、のちに人を誑《たぶら》かすとか、姿を消すとか言い伝えられるようになって、「タヌキと同じ動物だ」と片づける人が、現代では多いのですが、それがそう一筋縄ではゆかないところに妖味があるのです。

一休さんというと室町時代の人です。一休さんの高弟《こうてい》というよりも法友ともいうべき人に蜷川新左衛門がいます。この新左衛門がもう少しで死を迎えるという時、西の空に紫雲《しうん》がたなびいて、阿弥陀仏を中心に、諸仏諸菩薩《しょぶつしょぼさつ》があらわれ、あたかも新左衛門のそれまでの信仰の深さを嘉《よみ》して、浄土《じょうど》へ迎えるために来迎《らいこう》したように見えました。ところが新左衛門はそれを信ぜず、息子に弓矢を持って来させて、阿弥陀如来《にょらい》の胸先を狙って発矢《はっし》と射ました。すると如来《にょらい》も二十五菩薩も紫雲《しうん》も一瞬に消え失せ、庭前にどさっと落ちたものがあった。枕頭に集まっていた人々がそれを見ると、なんと一匹の狢であったというのです。その後、一休禅師がやっと間に合い、新左衛門と和歌を取り交わして、その死を送るのですが、それは省きます。ムジナはこの時代になると、これだけ人を迷わしにかける大法力？　をそなえた妖獣として、伝えられているわけです。

それから鎌倉時代に及んで、「狸」の字をタヌキと読むようになって、農家の息子に化けたり、キツネと化かし合いをやったりするものはみな狸《たぬき》と呼ばれるようになりました。それまでは、この狸という字は、「り」と読んでいたらしいのです。だがムジナはムジナで、決して消失したのではなく、別の動物で一種の妖獣性を保ちながら、現代まで生き延びました。ずるい老人を狸親爺《たぬきおやじ》とも狢老爺《むじなじじい》ともいうのはその一例です。このタヌキとムジナの間に、マミ（?）という奴も介在しているので、いっそう混乱が増すのです。

『本草綱目《ほんぞうこうもく》』『大和本草《やまとほんぞう》』『和名抄《わみょうしょう》』などにはマミ、ミタヌキ、あるいは単にミとありまして、イノシシにやや似た小型獣で、肥えていて脂肪が多く、食えばうまい。穴に住み、尖啄、矮足、深毛、短尾、褐色などと説明します。『南総里見八犬伝』の巻の七、第八十七回には「勇僧猯穴《まみあな》に入る」の条があります。

——妖術を使って、豊嶋郡麻生《としまのこおりあさふ》の郷の民を惑わしていた鵞鱓《がぜん》坊という悪僧。それを金碗《かなまり》法師、丶大《ちゆだい》が退治し、その賊たちが住んでいた洞窟に入ろうとする。と、そのなかから「元来この洞窟は我々の住居《すみか》でした。それを鵞鱓《がぜん》坊に奪われたのです」と称する老人老婆二人組が出て来て、ことのもとを説明する。丶大《ちゆだい》法師がこの老夫婦の陳述は了解したとしても素姓は怪しいと睨み、一喝すると、その怪翁《かいおう》がもそもそと告げるには、

「俺們《われわれ》は人倫ならず、三百年来這洞《このほら》に、栖《すみ》たる真猫《まみ》で候なり……性鈍《さがにぶ》ければ狐狸と遊ばず、形肥《こ》えたればゆくこと遅《おそ》かり、この故に人を啖《くら》ふ豺狼《やまいぬ》の悍《たけ》きに似ず、毎《つね》に穴居してほかを求めねば、園圃《はたけ》を暴さず、稲穀《いなほ》を窃《ぬすま》ず、可もなく不可もなきものなり」

この獣夫婦はそういって自分で自分に価値判断を下している。ついにはこのオスとメスの獣は法師や村民の目の前で姿を消す——。

ともあれ、人間の老人老婆に化けることや姿をドロンとくらますことは出来るのですから、妖獣のなかには入るわけです。

しかも、この小説のなかの一節が、現在、ロシア大使館のある、東京都の麻布《あざぶ》の狸穴《まみあな》という地名の、由来譚にもなっているわけです！

こうした地名の由来からすると、マミという妖獣も、とどのつまりはタヌキだということに収束《しゅうそく》されていったように見えます。その一方では、ムジナという厄介な異獣が、タヌキの

陰に隠れているような、まったく別の動物であるような、有耶無耶《うやむや》の感じでつきまとっています。マミは、穴居するということや肥って鈍いとされていることなどから考えると、タヌキだといってもかまわないようですが、タヌキは実は（タヌキ汁《じる》という〝名声〟があるにもかかわらず）食うとうまくないという以外な事実があります。食うとうまいタヌキ汁というのは、その肉《み》は、本当はアナグマだというのです。ここでアナグマという新手《あらて》が登場すると、その名の通り穴掘りの名手だし、食えばうまいし、外貌はタヌキそっくりなのです。アナグマは、タヌキ汁に於いて、タヌキに化けていた？　イヤ、タヌキが我々を化かして、食われる前に逃げ、代わりにアナグマの肉をおいていった？　では、マミもアナグマか、違うのか？　さあ、わからない……。

大正一三（一九二四）年に、狸裁判という事件がありました。

――栃木県の橋本伊之助が二頭のタヌキを猟犬に咬み殺させた。それが三月三日で、タヌキの禁猟期にあたるので違法であるというので裁判にかけられた。その時、橋本は私の捕った獲物は〝十文字狢《じゅうもんじむじな》〟というもので、タヌキではないと申し立てた。〝タヌキ博士〟として知られた動物学者・渡瀬正三郎が鑑定人として出廷し、

「タヌキもムジナも同一種であります。ただこのタヌキを捕らえた栃木県上都賀郡地方で、十文字狢《じゅうもんじむじな》と呼んでおり、タヌキとは別の動物だと信じられていたのです。タヌキを禁猟期中

タヌキ

アナグマ

に捕ってはならぬという法令に、〝ムジナを含む〟ことを明記していないのは遺憾である」と申し立てた——。

それらの弁明や横田秀雄博士の審理によって、橋本伊之助は無罪となりました。

十文字狐《じゅうもんじぎつね》という毛色による呼び名はあるのですが、十文字狢《じゅうもんじむじな》という地方名があることは、私もこの狸裁判記録を読むまでは知りませんでした。以上は法廷でさえタヌキとムジナの区別、あるいは同じ動物かどうか不明であったという例証です。

大正の昔はイザ知らず、昭和以後の現代では、まさかタヌキ、アナグマ、ムジナ、マミの区別はついているんだろうね？　と科学を信ずる多くの人は思っています。ところがどうもそうではないようなのです。今でも動物図鑑には「タヌキはムジナともいう。しかし地方によってはアナグマのことをムジナというのでよく混同される」とあります。もう一冊開いて見ると、「アナグマ」の項に「マミ、ササグマ、ムジナなどとも呼ばれる」とあるのです。区別はついていないのです。それというのも、アナグマとタヌキの外形が、実によく似ているからなのでしょう。

むろん、違いはわかっています。タヌキはイヌ科。アナグマはイタチ科。タヌキの前足の指は五本、後足の指は四本で、趾行性《しこう》。アナグマの指は前後肢どちらも五本で蹠行性《しょこう》です。見分けることは出来るのですが、山林などで見てもタヌキとアナグマはちょっと区別出来ません。捕らえてよくその顔を見比べると、目のまわりの黒い部分がタヌキのほうがはっきりしています。あとは足を掴んで裏から見て、指の数をかぞえるほかはありません。私の両方とも飼育した経験では、タヌキのほうがおとなしく馴れやすくて、アナグマはずいぶん荒っぽく、老獣はまず馴れません。

この二種の野生動物に、マミやムジナがまつわりついているのです。常識としてマミとムジナは実在せず、タヌキと同一の動物だとしておくが、しまいまではっきりとわかりやすくはならないのです。

地名としての狸穴はマミアナと読むのですから、狸《たぬき》のことをマミともいうように見えますですが、動物図鑑にはアナグマの別名がマミだとあります。ササグマという別名はタヌキにはつきませんが、ムジナという名はタヌキにもアナグマにもついています。こんな混同が起こるのも無理はないくらい、タヌキとアナグマは似ているのです。アナグマの掘った穴に、タヌキが勝手に入り込んで住んでいることも実際にあるのです。その同居しているタヌキとアナグマのことを、「同じ穴のムジナ」というのです。これは実際の生態が、ことわざになっている珍しい例です。喧嘩すれば荒っぽいアナグマのほうが勝つのですが、タヌキはひとっところに糞をします。これを〝タヌキの溜めグソ〟と申します。臭《くさ》くってたまらないからアナグマのほうが出ていってしまいます。そのあとはタヌキ一家がすました顔をして住んでいる……。こんなことも実際にあるのです。名前が混同しているのは、タヌキとアナグマの生活がこんなに密着し、交雑しているからでしょう。

タヌキには驚愕すると気絶してしまうという癖があって、死んだと思ってそのままにしておくと、息を吹き返して逃げてしまいます。そこで人間の目には〝術を使ってドロンと消えた？〟ように見えます。こんなところから、タヌキは〝人を化かす〟という説が発達したのですが、そのタヌキと（やむをえず、イヤイヤながら）同居しているアナグマのことも〝化ける〟ように思われ、マミというもう一つの妖獣がいるとも伝えられました。

タヌキもアナグマもそっくりですから、そのどちらともつかないムジナという化け動物（？）も考え出されました。狸裁判の頃には、タヌキとムジナは別のものかどうかが法廷で争われるくらいになっていました。言い換えると別のものだと信じている人が多くなっていたのです。今なおわかりやすくならないといったのはそういう意味です。絶対に、わかりやすく理解したい、という人には、ムジナとマミはいないのだ、タヌキとアナグマだけがいるのだ、と答えておけばそれで足ります。

絶滅動物 EA
Extinct Animals

EA＝Extinct Animalsとは、絶滅が確認され、現在にいたるまで生き残りの報告がされていない生物。その多くが人間の手により命脈を経たれている。今はもう絶対にと言い切れるほど生存の可能性はないが、かつてはこんな生物がいたのだ。

ドードー

私が博物館で見たドードーは「剥製」ではなかった

一九六二年、私はアフリカのモリシアス島（モーリシャス島）を訪れました。モリシアス島は、かの純情なフランスの作家J・A・ベルナルダン・ド・サン・ピエールの感傷的な作品『ポールとヴィルジニー』の舞台となったイル・ド・フランスです。市の公会堂には、むろんフランスの著名な画家の描いたものでしょう、船と海岸を背景に、ヴィルジニーの死を天に悲しみ、地に嘆く若者ポールの姿を額に入れて飾ってありました。モリシアス島の案内書には、楯《たて》の形をした国章《こくしょう》が掲げられ、中央のマークを支えているものは一羽の無恰好なドードーでした。

私は町には興味がなく、捕虫網とノートを携えて市外の山野を歩きまわりましたが、珍らしいウスバシロチョウに似たチョウと、カーディナルと呼ばれているコウカンチョウ（紅冠鳥）の一種を見かけたくらいのものでした。山地に入っても、ドード

コウカンチョウ

ーの羽根一枚、落ちていません。もっとも、一枚の羽根でも拾ったら学術上の大手柄になります。ドードーは全世界に今や羽根さえも十枚とは保存されていないからだ。

ドードーを国章のなかにデザインして描く時も、美的にあるいは恰好よく描くことは不可能です。それくらいドードーという鳥はデブで足が短く、頭がグロテスクで翼は退化し、飛ぶことはもちろん、ヨタヨタと走ることもほとんど出来ない、見っともない鳥だからです。そのかわり、コミカルに描けば大成功。ドードーがいなくなっても、その姿を復元することが出来るのは百二十枚ものスケッチや漫画？　が残っているためです。それだけ画家が刺激され、王侯貴族がおもしろがったのも、ドードーが喜劇的な姿をしていたからでした。

私はモリシアス島まで来ていながら、珍動物の宝庫マダガスカル（ここにもドードーの一種がいました）には寄れませんでした。その時私はブラジルから貨客船で、帰国の途中だったからです。それでも船はケープタウンやロレンソ・マルケス、ダーバンなどのアフリカ各港には投錨《とうびょう》しました。私はそこでそれぞれの港町の博物館や郊外のナショナルパークを訪ねました。そのなかにダーバンの博物館もあった。鳥類の展示室に、ガラスケースに入って大切にされているドードーの剥製を見ました。

見ました、とノートにも書き写真も写したのですが、日本へ帰ってから知ったことによると、それは「剥製」ではありえなか

ドードー

ったのです。モリシアス島のドードーが人類、イヌ、ブタ、ネズミ、サルに殺され食い尽くされ、生きているものは一羽もいなくなった一六九三年以後、そのまま一羽分の剥製というものはなく、頭が一個と足が一本しかなかったのです。一七七五年には剥製になったのが一羽あったのに、もうオンボロボロになって、捨てちまえ、というところを、かろうじて頭と足だけは原形を保っていたので、英オックスフォード博物館の棚にしまっておいた、という惨状なのです。

モリシアス島以外に、同じくマスカリン群島に属するレユニオンという島に、これは白くて綺麗なシロドードーがいましたけれど、これも船乗りたち、珍品をほしがる好事家たち、そして彼らが連れて行って勝手に島に放したイヌ・ネズミ・ブタなどによって殺し尽くされ、一八〇一年にはモリシアス・ドードーのあとを追います。もう一つのロドリゲス島には首と足が長いのでデブという感じのしない、むしろガチョウに似た、かなりエレガントなロドリゲス・ソリテアーがいました。これは群生せず、一羽一羽で歩いているのでソリテアー(独身者《ひとりもの》)と名づけられたのだそうです。これも一七九一年までには全滅。

これらのロドリゲス島やレユニオン島を日本人の探険家蜂須賀正氏《まさうじ》が探険し、ドードーの胸骨や下顎骨を三十個ほど採集しています。ドードーの絶滅史、研究史に日本人が関係しているのはこれだけです。日本

ロドリゲス・ソリテアー

にはドードーの右脚だけの実物大の標本がありますが、それは高島春雄さんによりますと、この蜂須賀博士の遺《のこ》したバラバラの骨片をもとにし、大英博物館の標本から模造したものに過ぎないそうです。してみれば私がダーバンの博物館で感嘆これを久しゅうしたモリシアス・ドードーの「標本」も、粘土を彫り、彩色し、わずかに嘴や尾の羽根だけは本物を使って、こしらえた「模造品」だったのです。現在、世界の各博物館に陳列してあるドードーの像も、模造品なのです。

一五九九年にP・ヴイレム・フェルホーフェン提督は、モリシアス島の林中にいくらでもいたドードーに手を出して、思いっきり突っつかれました。これを見ていたファン・ネック提督が、こりゃおもしろいと思って、この鳥をオランダへ持って帰りました。これがドードーのヨーロッパに上陸した最初で、二羽目はハプスブルグ家のルドルフ二世が手に入れたそうです。この二羽は飼われて、無事生きていましたが、それから百年間で、モリシアス島にドードーは一羽もいなくなるのです。

ドードーは林中に群れ、肉食獣や猛禽やヘビに襲われることもなく（モリシアス島やロドリゲス島やレユニオン島にはそういう動物がいなかったのです）、しごく平和に暮らしていました。その必要もないから飛ぶ力を失ってしまったのです。元来はハト目《もく》の鳥なのに、食物のタネや果物や葉などをいくらでも食べられるから、体も肥大化した。シチメンチョウより大きいくらいになってしまいました。

そういえばハトのなかにはスズメバトとかウズラバトのように、半地上生で飛べなくなる方向へ進化するものもあると、鳥類学者のアラン・フェドゥシアは指摘しています。しかしそれにしてもドードーは肥りすぎ、大きくなりすぎました。まったく自衛力をなくしてしまいました。オオウミガラスもステラー海牛《かいぎゅう》もそうでした。〃武装解除動物〃でした。その上ドードーは卵も一回に一個しか生まず、メスオス二羽がかりで育てるという、のろくさぶりで、これも数が減りだした時回復しない原因でした。

ドードーはナツメが好きだったのに、人間が放したブタたちに食われてしまったことも絶滅の原因と動物学者の高島春雄さんはいっています。もう一つドードーが木の実と深い因縁があったのはカリヴァリアという木です。カリヴァリアはドードーがモリシアスから姿を消してしまうまでは、老樹、巨木の林をつくっていて、用材として伐られもしていた、この島の特産物でした。なのに、一九七三年にはたった十三本しか残っていず、その実を蒔いても芽が出なかったのです。そこにドードーとの深い関係がありました。

カリヴァリアの実は直径五センチもある固い木の実で、地に落ちているのをドードーがその不細工な嘴《くちばし》で次々に食べます。このタネの皮はドードーの砂嚢《さのう》のなかではじめて削られます。その皮は厚さ一センチ五ミリもある。その中心部分はドードーが消化し、なお残った部分を排泄して、はじめてそれが芽を出します。ドードーが溶かして、一旦、腹のなかを通してやらないと出芽《しゅつが》しません。それくらい深くかかわりあっているので、ドードーがいなくなってしまうと、三百年も経つのにカリヴァリアの木は減るばかりで、とうとう十三本になってしまったのです。ただしおもしろいのはカリヴァリアの実をガチョウに食べさせ、消化の出来なかった部分を排泄するのを待って、それを蒔くと芽が出るそうです。

昆虫では、似たような持ちつ持たれつの密接関係に、イトランガという蛾《が》の例がありました。この蛾《が》のメスはイトラン（糸蘭）の花の子房《しぼう》へ産卵管を刺し通して卵を生み入れます。そうしておいてイトランの花粉を、せっせとメシベの先、柱頭《ちゅうとう》につけてやって、その結実に協力します。実がみのり、種が出来ると、イトランガの幼虫がそれをもりもり食べます。食べてもタネは幼虫の食糧よりずっとたくさんあるので、イトランの子孫も充分繁栄します。すなわち共存共栄です。この植物と昆虫は、どっちが欠けても一方が滅びるのです。

ドードーとカリヴァリア樹との関係もこれと同じでした。人類とそれが島に放したイヌ、ブタその他の動物は、ドードーともろともに、この木の存続までぶち切ってしまったのです。

オオツノジカ

眉叉《びしゃ》があるのがオオツノジカの特徴だ

タイムトンネルというのは何も現代のSF小説にだけ描かれるアイデアではありません。我が国の古典〝大江山の酒呑《しゅてん》童子〟の物語にも、中国の『水滸伝』にもあらわれているのです。どこにあるのかわかりません。もし日本の野尻湖のあたりにそれがあって、それを潜《くぐ》って、オオツノジカの生きている姿を見たら、私たちはどんな印象を受けるでしょう。

まず、その壮大で怪奇な形をした角に圧倒されてしまうことはいうまでもありませんが、それを軽々と差しかざして、自在に活動するのです。肩高二メートル三十センチは越えているでしょう。体長（鼻端から肛門まで）は三メートル十センチはたっぷりありました。ということはですね、人間が立っていてもその肩にも背中にも届かない、もし馴《な》れたオオツノジカがいたとして、その首を撫でようと思えば、手をうんと伸ばさなければならない。乗せてくれるものなら、またがっても平気で走り出すだろう、ということなのです。ウマなんか、サラブレットだって肩高一メートル八十センチくらいのものなんです。

　私はカナダのアルバータ山中で雪のなかに佇《たたず》むヘラジカ（ムース・エルク）を見ましたが、その大きいのに驚きました。それだって肩高二メートルはないのです。オオツノジカのメスには角はありません。しかし角はなくても体は良人《おっと》（？）に劣らず大きかった。メスがオスに劣るのは肩や首の逞しさで、それはいうまでもなくオスは巨大な双角《そうかく》を支える筋肉が発達しているからです。

　何がさて、その角の大きいことといったら、一対が三メートル三十五センチにも広がっているのです。一本だけでも三十二・六十六キログラムもあります。これは数々の遺骸が発見され、皮や肉は変化してもいましょうが、角の大きさ、重さは保たれていますから正確なはずです。それは巨人の手のひらのように広がって、大部分は平たく厚く、その縁から六本の尖った枝が出ています。手のひらのようだから掌状角《しょうじょうかく》と呼ばれます。掌状角《しょうじょうかく》を持っている現存のシカはヘラジカだけで、ほかにはファロージカ（ダマシカ）が第三枝だけが掌状《しょうじょう》になっています。オオツノジカはこのファロージカとは類縁関係が深いとされていますが、それよりずっと大きい。オオツノジカはすべての現存種のシカの、どれよりも巨大なのです。

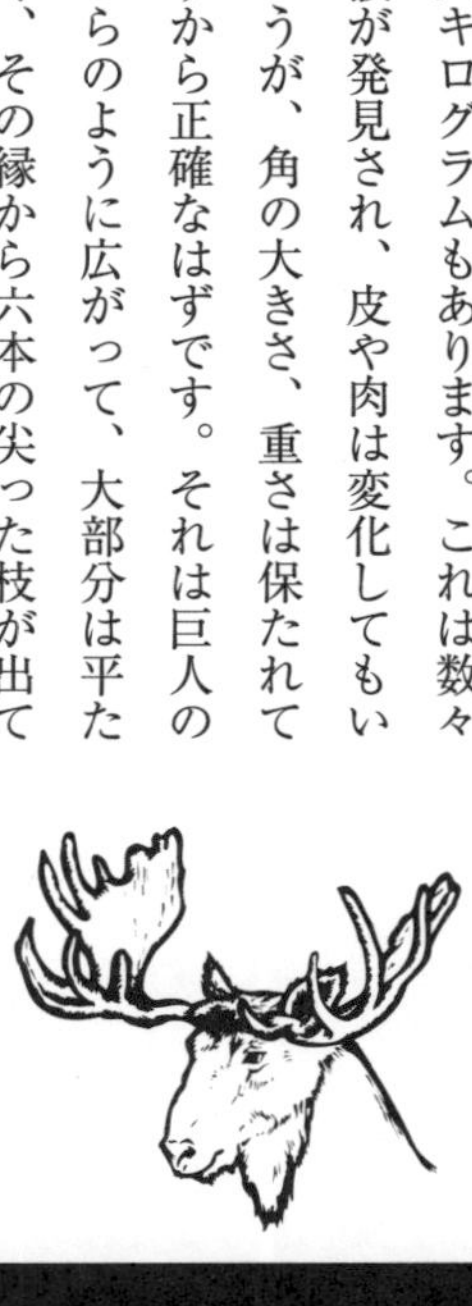
ヘラジカ

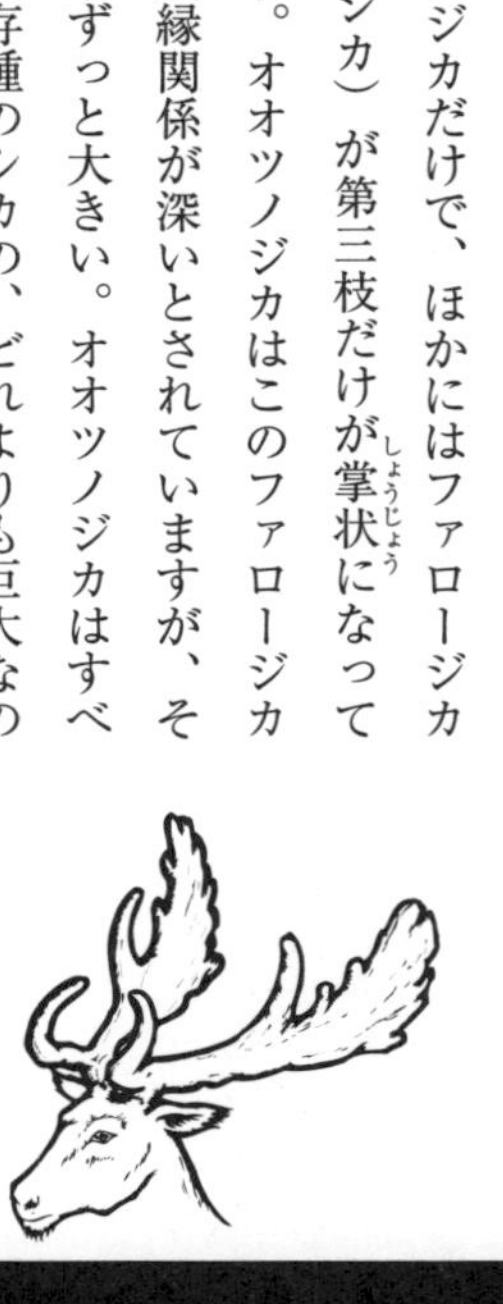
ファロージカ

オオツノジカ

それも巨大な角のためですが、オオツノジカは左右に広がった掌状部《しょうじょうぶ》を主要部分とすると、そのつけ根に近く、一本ずつ、曲がっているが大よそYの字をした小さな枝角を持っています。すなわちオオツノジカの角は角座《かくざ》から生えて来るとすぐ、二またに分かれるわけです。小さいほうが比較的真っ直ぐに近く上に延びてYの字になります。この枝角を眉叉《びしゃ》と称します。二またに分かれたほうが広がって角冠と呼ばれ、タイムトンネルを潜《くぐ》って〝生ける姿〟にお目にかかった我々を三嘆させる主要部分に育つわけです。この眉叉《びしゃ》がオオツノジカの特徴で、ファロージカとも、ヘラジカとも、トナカイとも、はっきり区別される点でした。

出会った我々に向かって目をそそいだとすると、その壮麗な双角がクルリとまわるのです。彼は常に二本で合計六十四キロ以上の重量を頭上に戴《いただ》き、軽々とそれをふりまわしているのです。よほどその体力も強大に違いない。私がひょっとして、湖畔で遭遇した巨象ナウマンゾウに張り合って、一歩も引かなかったのではないかと想像したのはそのためです。

ヨーロッパ人はオオツノジカをアイルランドエルクと呼び、日本にもたくさんいたことをちっとも知りません。エルクはヘラジカのことで、アメリカ人はムースと呼ぶのですが、アイルランドをつけるわけは、ヨーロッパの一部であるアイルランドの沼沢地から、この巨大なシカの遺体が多数折り重なって発見されたからです。エルク（ヘラジカの意）とつけるのは現存種ではオオツノジカは一番ヘラジカに似ているからです。アイルランドエルクがきびしい寒《かん》烈《れつ》の氷河期を生き抜いて来たことは、ヨーロッパ人の学者も知っています。それだけの生活力や忍耐力があったのに、アイルランドの沼地に、次から次へズブズブと、はまり込んで死んでしまったのはどういうわけか？　それは巨大な角が重すぎて、体をかがめて水を飲もうとしては、ズブズブズブーリと踏み込んで引っ返せなくなってしまったのだろうと多くのヨーロッパ人が判定しました。

彼らは、オオツノジカが柔らかい泥の上で体をかがめたら、どれくらいの重さが前足にかかるか、それを経験から学ぶことも出来ない愚物《ぐぶつ》だと思っていたのでしょうか？　蹄《ひずめ》を踏み出して見て、あっ危ないと感じたら、バックする、それだけの敏感さもないと思っていたのでしょうか？

実は、思っていました。シカは愚かものだと思っていた節《ふし》もあるのです。彼らの頭にはけっこうイソップ物語がしみ込んでいるのです。イソップ物語のなかには牡鹿がブドウの蔓に角を絡《から》まれて、猟師に捕まってしまったという寓話《ぐうわ》があります。それが本当だと思われている面があるのです。チェコの動物学者ジョセフ・アウグスタ博士は一九六一年に「オオツノジカは決して森林のなかに立入ることはしなかった。森の茂みに角が引っかかるのを恐れたからだ」と書いています。

まさかそんなことはない、とわかっている知識人の間で、発情した猛牛と猛牛のように起こったのは二つの論争でありました。第一はかくも壮大なる角に、いかなる利用価値があったのか。第二は何ゆえあってこの巨大なシカが絶滅したのか。さて、そこじゃ、というわけです。

角の利用価値については、それは攻めかかるオオカミたちに対して、さぞ有効であっただろうというほかには、プラスだという評価があまりありません。多くはこの角がオオツノジカにとって負担であったろう、というほうに傾きました。なかには、こんなに厄介で面倒な形をした角で、オスとオスがぶつかり、絡《から》み合ったら、互いに放れなくなり、共倒れになって死んだ奴が多かったろう、それが絶滅の一因じゃ、という者までありました。これはアカシカなどでは本当で、私もカナダで智恵の輪みたいに絡み合った角が、そのままの形で保存してあるのを見ました。持ち主のアカシカはどっちも死んだそうです。しかし、それが一因となって全種族が亡滅することはありません。現にアカシカは絶滅していません。

続いて主流となったのが「進化の暴走説」です。これはマンモスやサーベルタイガーの牙についても、よくいわれた説です。マンモスやサーベルタイガーやオオツノジカは、その伸びすぎた牙や拡大しすぎた角の犠牲になって滅びました。一旦、大きくなりすぎた角は、「もういい、止まれ！」といっても歯止めが利きません。大きくなる一方で、その惰性《モメンタム》ゆえに滅びゆく動物となったのである、うんぬん……。この主張は、オオツノジカはその大きな体、強力な筋肉の力によって、充分その角の負担に耐えられたのだという反論にあったのです。イギリスの進化学者J・ハックスリーの相対成《アロメト》長《リー》という主張です。

角や牙は利用価値があったに決まっています。何もそれを負担だったろうなどと察することはありません。余計なお世話です。現代に入って、万事セックス過剰になって来た社会を反映して、違う説が出て来ました。それはオオツノジカの角は、その華麗さをメスに誇示《ディスプレイ》することによって、最も優秀なメスをたくさん集めることに目的があった、とするものです。オオカミをやっつけるためだったという説はしりぞき、美人たちに捧げる男性の見せびらかしになったのです。

この主張は今でも、そして現存するシカたちについてもいわれているか？　再びさあ、そこだ。学界でも何十年と続く定説というのはないようです。米ハーヴァード大学のスティーヴン・J・グールド教授によりますと、「武器であるとか、異性に見せつけるための装置だとか解釈されて来た多くの器官は、実際には雄《おす》同士の儀式化された闘いに使われるためのものだった」という考えです。それはオスにはすぐわかり、すぐ従うことの出来る優劣の順位を決めることによって、実際に戦って負傷したり死んだりするものたちの数を減らす、という機能があった、とグールド教授はいわれます。

つまりオオツノジカも、現存するシカたちも、しばしば喧嘩をして負傷したり死んだりするような愚かものではなかったのです。儀式化された闘いとは、体をふれ合わないで誇示し、傷を負わないように仕組まれた争い、という意味です。オオツノジカも、角を振りまわしたり、突いたりすることによるエネルギーの消費と、身体的な危険を避けて、真っ直ぐその敵と対面しました。

正面から見た時、オオツノジカの角は一番はっきりと全体が展示され、威圧的にも、制止的にも作用しました。そこに、華麗さの意味があったのです。角は大きいほうが、メスを争うオスに有利でありました。オスは一目でわかって引きさがり、勝ったほうも引きさがったほうも殺しあいなどというムダなことはしないで済んだのです。そういうわかりやすいシステムになっていたのです。そして、たびたび悲しいことながら、彼らの絶滅の原因はまたしても人類であった。それは野尻湖を一例とする日本でも同じでした。

一九六二年〜一九六五（昭和三七〜四〇）年にかけて、長野県の野尻湖底の発掘が、毎年三月に行なわれ、大ぜいのアマチュアが参加し、ナウマンゾウとオオツノジカの骨、牙、角が多数発掘され、以来、日本にもオオツノジカが少からず存在したことがわかったのです。私たちは、必ずその双角の全体を印象づけるために、正面を見せてくれるに違いないオオツノジカに一礼して、〝トンネルの出口〟へ向かったほうがよさそうです。

長毛サイ

そのサイ肉をサイ食《しょく》していた古代人がいたのだ

氷河時代の二大巨獣といえばまず、モンモスゾウと長毛サイは動かぬところです。この両雄が年来の親友であったと信ずべき資料があるのです。古生物の教科書に「このサイは長毛でマンモスに伴なう」と書かれているからです。ほかの専門書、一般書にも「通常その化石はマンモスとともに発見されるもの」、あるいは「マンモスのいつもの連れ」という紹介の言葉が見られます。あの大氷原の怪神といった俤《おもかげ》のマンモスと一緒に、ゆらぎ進む城砦のような赤褐色の毛に包まれた長毛サイ。この両者はきっと幼馴染みで、尊敬し合っていて、親しく交際していた、と推理することはなんと胸あたたかくなる想描図《そうびょうず》でしょう!

これは現在の動物世界でも普通に見られることです。インドゾウと偉貌《いぼう》の野生牛ガウア。アフリカのキリンとエランド。シマウマとガゼル。スプリングボックとオリックス。南米のウマとアメリカダチョウなど

エランド

が、仲良く行動しています。彼らの間には互いの短所を補い合って、外敵に対応するといった、利害による結びつきもあります。が、共通した生態で、なんとなくうまが合い、虫が好くので仲良くともに行動するということらしい。特に助け合わなくても親しくつき合うのです。私はどうも共同作戦とか弱肉強食というのは嘘っぱちで、この「混生」と呼ばれる行動、和合こそが大自然の本来の相《そう》だと思います。長毛サイとマンモスもそうだったのです。

長毛サイは、ケサイ、ケブカサイ、有毛犀《ゆうもうさい》とも書かれます。ユーラシアの洪積世の主役の動物でした。周口店、内モンゴル、満州ハルピンの顧卿屯層《こけいとんそう》などに極めて普通に、二十万～五万年前までのヨーロッパにも極めて普通にいました。ロシアのエニセイ河化石氷や、同じくロシアのガルシア油田から、丸ごと一頭ずつの完全無欠な遺体が得られているので、形態はなんでもわかっています。その毛は全身まんべんなく生えていたような再現図が多いですが、頭頂から後ろ、背中までの毛が特にふさふさして、ライオンのようなタテガミを形づくっていました。

二角《にかく》サイでした。額に短いのが一本。その長大なほうは時には一メートルもあって、現生のサイにはこれほど長く立派な角を持ったものは、めったにありません。この長毛サイの角は、日常は雪や地面を掻き分けて、植物を食うのに使われていました。わずかに上に反っているので、逞しい首を

長毛サイ

下げると、その角度が地面とほぼ水平になって、掻き分けるのにいい、ということが見て取れます。しかしそれにしても発達しすぎています。そんなに長くなくてもいいはずです。どだい、長すぎて武器にはならないんじゃないか？　そんな気がします。

実はここに長大、過剰と見える角や牙の〝秘密〟があったのです。マンモスの牙、オオツノジカの角、現生種ならアフリカスイギュウ（インドスイギュウでもアフリカスイギュウでも）の角、ぎりぎりと丸く巻いてしまっているメンヨウ（ヒツジ）の角、海底で貝を掘り出すにはどうにも不向きとしか見えないセイウチの牙など……。これらは敵を突き刺したりするにはとても向きません。現にスイギュウやヒツジは額の部分で激突攻撃し、セイウチが敵にのしかかって上から下へ牙でブスリと刺したなんていう話は聞いたことがありません。化石獣のなかには無角《むかく》サイもあり、現生のキリンの角は毛で包まれ、武器にも威嚇にも全然使われません。これはそのような武器には向かないから、退縮《たいしゅく》してしまった例です。

ところが一方にはこの長毛サイや、もっと長大な一メートル八十センチもある角を額から生やしたエラスモテリウムというサイもいました。ゾウでもアナンクスやステゴドン・ガネッサのように、ほとんど体長ほどもあります！　牙を持ったものもいました。これが長大さを、イヤが上にも発達させたほうの例です。こんな巨角や超牙の存在価値はどこにあったのか。それは威圧

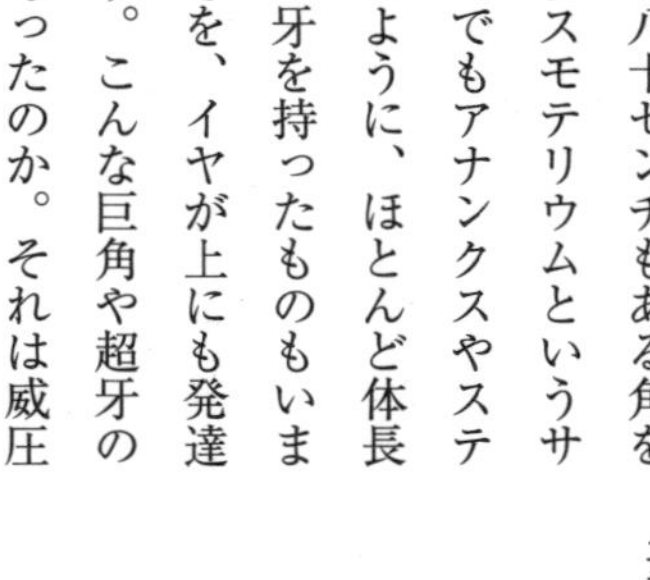
エラスモテリウム

と自制を競敵《ライバル》に及ばす効果にありました。これが最近の説です。長大なことは仲間のどの個体でも一目でわかるから、ムダな争いを控えさせます。この機能によって、ついにはムダ死にを防ぎ、メスと仔を防護し、平和が保たれているのです。長大な牙や角が〝異常だ〟〝徒費〟〝負担だ〟〝生存の戦略上マイナスだ〟と思うことこそ、人間の「見なし」です。誤認です。自然界には不必要な部分なんていうものははじめからないのです。

長毛サイは大変広い分布の広がりを持ちながら、北米には移住していません。これは一つの謎になっています。長毛サイの生存時、ベーリング海峡はなく、両大陸は陸橋によってつながっていて、長毛サイはドシリドシリと歩いて北米大陸へわたったはずなのです。エラスモテリウムもユーラシアのステップ（半砂漠地帯）にいた長毛サイより巨大でしたが、北米へは侵入した形跡がありません。

長毛サイもマンモスゾウと同じように、人類に狩り立てられていました。長毛サイも敵対されれば恐ろしい攻撃獣と化したに違いないのですが、ネアンデルタール人やクロマニヨン人と呼ばれる古代人類はあえてそれを常食にしていました。時々、出会った一頭や数頭を、無鉄砲な勇気を奮い起こして殺す、というのではありません。常習的に狩猟し、食べていたのです。ホラアナグマも常に捕って食い、毛皮も利用していました。こうなると人類のほうがよっぽど異常で兇猛です。

フランスのドルドーニュ地方に住んでいた古代人類の発掘研究によると、この地方にいた狩猟民はいつの時代にも野生馬、トナカイ、野生牛を捕って食べていました。そのなかでムステリアン期と呼ばれる三万五千〜十一万年前の狩猟民は、長毛サイも殺して食うことが八万年以上続いていました。ウシとウマが一番多い獲物でしたが、ホラアナグマとトナカイ、そして長毛サイの肉も常食であったことが、発掘された獲物の骨、残骸の分量によってわかったのです。サーベルタイガーだってこんなことは出来ません。サイ肉を常食としている猛獣なんかありはしませんでした。ただ、一種、肉食者であったユーラシアの古代人のみが、それをやっていたのです。洪積世において、すでに「猛獣」は人類の敵どころか、ライバルでもない存在に落ちていたのです。

ホラアナグマ

発掘――ドラーヘンロッホの熊祭《イヨマンテ》り

　洪積世は、恐ろしい洞窟猛獣の時代でした。果たしてライオンなのかトラなのか、正確にはわからない猫族の巨獣はホラアナライオンと呼ばれ、ヒョウもホラヒョウであり、サーベルタイガーの多くのものも洞窟に住み、この時代の獣王でした。そのなかでも、ホラアナグマ（洞窟グマ、ホラグマ、ケーヴ・ベア）はその一方の雄《ゆう》でした。そのような寒風氷雪のなかで、人類は主要な進化を遂げたのですが、その洪積世の初期の頃までは、人類と猛獣はまさしくライバル関係にあったともいえます。人類はホラアナライオン、当時のサーベルタイガー、そしてホラアナグマを狩猟し、あるいは征服した時から、すべての動物界の優位に立ちました。ライバルどころではない、覇者となったのです。

　ある猛獣が獰猛であるかどうかの目安をつけるとすれば、その猛獣があえて人を襲うかどうかというのが一つの目安になります。遠く離れた、互いに領域を侵《おか》し合わないで生活していられるところから、はるばる、わざわざ、歩《ほ》を運んで、人類を襲殺《しゅうさつ》しにやって来る、それほど獰猛な捕食獣はいません。人類が捕食獣のテリトリーを侵《おか》した場合の話です。猛獣のテリトリーは広い。たとえば、北方のトラ（シベリアトラ、アムールトラ）は、四百平方キロメートルもの領地を持っています。人類の数が少なくて、その領地とぶつからないうちはよかったのですが、人類が増え、自信を得て、それらのテリトリーへ侵入してゆくようになると、それらの猛獣の獰猛さがわかります。

　サーベルタイガーも、ホラアナライオンも、さほど人類を襲った形跡はありませんが、ホラアナグマにやられたらしい傷を持った古代人類の骨はかなり出ています。ホラアナグマは少なくとも原始人たちに反撃し、寒飢《かんき》に迫られれば自分から出向いて狙い、襲いもしました。それはホラアナグマとは近縁だとされているヒグマ族がしばしば人を食らう、という事実からも推定出来ます。

　ホラアナグマはヌーッと立ち上がると、ネアンデルタール人がその胸まで届くかどうかという大きさ、二メートル八十センチもの高さがありました。四肢を地について歩いていても、肩高は一メートル五十センチを越え、今のヒグマよりは、はるかに大きく、体重も六百八十キロはありました。日頃はその歯のすり減り方から考えて雑食性でしたが、サーベルタイガーも群れをな

ホラアナグマ

すダイアウルフも、たとえ老いぼれた個体でもクマたちに手は出しませんでした。ホラアナグマが洞窟のなかで天寿をまっとうして、安らかに死んだ屍体《しかばね》も多く発見されています。そのような脅威的な猛獣を、木の棒や石塊くらしか使えなかった人類がさかんに攻撃したのです。

オーストリアのドラーヘンヘーレにある洞穴には、ざっと四万頭のクマが世々代々生活していました。その歴史は実に一万年に及んでいます。一七七一年、ドイツで発見されたホラアナグマの遺体と一緒に人骨が見つかって以来、やっとこの巨大グマと原始人の関係が明らかになりました。例によって頑迷な学者たちは、人間とホラアナグマが同時、同処に存在したことを認めるのにさえ二百年近くかかりました。ましてその人類がホラアナグマを狩猟していたことにいたっては、ずいぶん証拠が揃ってからも、頷くまいとしました。

しかし、打ち寄せる波がドーッと打ち返して、逆巻き上がる波頭《なみがしら》のように、その学者から新風が吹き起こり、革命が繰り返され、新説が定説化し、事実化してゆきました。ホラアナグマをネアンデルタール人やクロマニヨン人が狩猟し、しかも一種の〝熊祭り《イヨマンテ》〟を行なっていたことがわかり、それを動物崇拝の一つ、〝熊教〟とすると、この習俗がざっと四万年も続いたことになります。今の宗教の最古のものも、その四分の一も続いていません。

ネアンデルタール人やクロマニヨン人が

ホラアナグマを何世代、何万年にも及んで殺していたのなら、その目的は肉と皮を得るためだったと考えます。そしてその通りなのですが、アルプス山脈のスイス側にあるドラーヘンロッホからは、「必ずしもそうではない」という証拠が見つかりました。ネアンデルタール人はクマ肉を食らい、その毛皮を着たり敷物にしたりすることとは違う関心を、ホラアナグマに対して持っていたのです。

ドラーヘンロッホには、深さ六十メートルにも達する洞穴にネアンデルタール人の住処《すみか》がありました。その部屋の片方に穴、それもちゃんと石を積んでたたまれていました。ほぼ四角い穴がつくられ、そのなかにはホラアナグマの頭蓋骨《ずがいこつ》が五個も六個も収めてありました。ホラアナグマの四肢の骨も一緒に〝埋葬〟してありました。それはキチンと洞窟住居の入口に正面を向けて、縦に揃えたクマの髑髏《どくろ》があって、四肢骨以外の骨はなく、四肢の骨も一定の方式に従って組み合わせてありました。その上には平たい石板で蓋《ふた》がしてあります。宗教的崇拝物としか思えませんでした。これと同じ〝御神体〟が、ほかにも何十カ所もあることがわかりました。ホラアナグマを捕まえて来て、殺してから祭りをし、骨をこの穴に納骨《のうこつ》したのでしょうか?。

この〝熊教〟の祭祀は、ネアンデルタール人から同じ狩猟文化、宗教儀礼として、クロマニヨン人にも受け継がれました。そうなってから、よりさかんになった形跡も

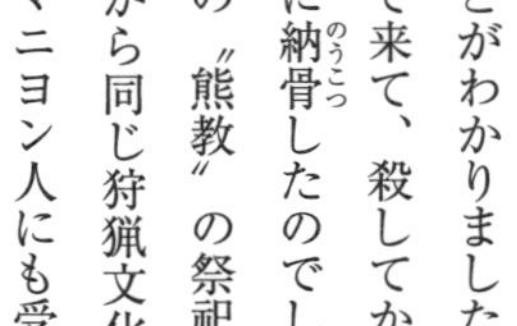

ネアンデルタール人がホラアナグマの頭蓋骨を納骨した様子

あります。ホラアナグマが尽きてしまったあとは、ほかのヒグマなどを用いて、同じ祭祀を行ないました。ホラアナグマのあとはヒグマ族のクマたちがその生態的地位を受け継いで、さらに進化するのですが、その今のエゾヒグマやアラスカグマやグリズリーベア（ハイイログマ）と同系統のクマの髑髏《どくろ》が、同じように納骨《のうこつ》されている遺跡も見つかっているといいます。

これは〝野蛮人〟がよくやるといわれている犠牲《いけにえ》の式（狩りの獲物や、時には同じ人間を殺して神霊に供える儀式）ではないようです。ホラアナグマもヒグマもオメオメと人間に生け捕られて来て、ムザムザと人々の前で殺されるような猛獣ではないからです。そんなら仔グマを使えばいいといっても、仔グマを捕まえて来るには恐ろしい強豪であるホラアナグマやヒグマの成獣と戦わなければならなりません。そこで、この祭りはすでに狩猟行為によって殺されたクマの死体を、神霊に捧げる儀式だったと思います。その式が終わってから、髑髏《どくろ》を、そのクマのいわば主体と見なして、保存し、恭しく穴に納めておきました。しかし、神霊の元へ〝帰って行く〟ためには足が必要ですから、四肢の骨を組み合わせて〝合葬〟したのです。

このように私が考えたのは、もちろん北海道のアイヌの〝熊祭り《イヨマンテ》〟から推測したのですが、北大教授であられた犬飼哲男先生によりますと「アイヌの神霊というのは神々しい白髪の老翁で、ヒグマの先祖の、そのまた元の神格である。その神霊がヒグマをアイヌの国へ遣わして来る。それをアイヌが撃つと再び神の国へ帰って行く。それを儀式化したものが熊祭り《イヨマンテ》〟だ」というわけです。犬飼先生ご自身でも、飼っていたヒグマは成長するとどうしても殺さなければならず、その時はアイヌに頼んで殺してもらう。すると「あとは非常に丁寧にお祭りをしてくれるから、生物を殺したという気にならずに、何だか神様の国へ送ってやったという気がするわけだ。かわいがっていたクマだから、それで気が済むのだ」

これですね、元来の宗教信仰というのは。「それで気が済む」。これ以上、これ以外の信仰的境地というものは、所詮はありはしません。

それは北海道の、アイヌの信仰でヨーロッパのネアンデルタール人、クロマニヨン人とホラアナグマの関係ではないという人もあろう。ところが、ではないということはありません。自然信仰、土俗宗教というものの精神はいつでも、どこでも同じですよ。クロマニヨン人もアイヌ人もインディアンも同じです。かつてアメリカ人のオオカミ研究家が、インディアンの〝オオカミ信仰〟について、〝ヒグマとアイヌ〟とまったく同じ信仰（殺すのでなく、神の国へ送り返す）を持っていることを聞きました。そんなふうな自然への信仰が、洗練されて今の宗教になったのです。

リョコウバト

空が暗くなるほどの超密群はどこへ行った——リョコウバトの惨滅

——これらのハトは、冬になると信じがたいほどの数をなして、カロライナ州やヴァージニア州に飛来する。あまりに数が多いので、塒《ねぐら》になった場所では、その重みでカシの木が何本も折れ、塒《ねぐら》にした木の下には、厚さ数センチもの糞が積もる。舞い下りたところではドングリやカシワの森が悉《ことごと》く裸にされ、農場の被害は申すに及ばす、ブタまでが食物にこと欠くようになる。

私はヴァージニア州で、三日間も蜿蜒《えんえん》と列をなして飛んでゆく群れを見たことがあるが、列が途切れて姿が見えなくなることもなく、空のどこかに必ずいて、南のほうへ飛び続けていた（マーク・ケイツビィ、一七三一年）——。

——ケンタッキー州シェルビヴィルにあるリョコウバトの営巣地は、少なくとも三百平方キロメートルにわたっている。この地では、営巣によい木という木に必ず巣があった。ヒナが成長し、まもなく巣立ちという頃になると、団体を組んだたくさんの住民が、寝台、斧、調理道具を持ち、一家総出でやって来る。森の騒音にウマは怯え上がり、人は人の耳に口をつけて喚《わめ》き、怒鳴らないと、話し声が聞こえなかった。

頭上からは折れた枝や、リョコウバトの卵や、そのヒナとかが、真っ逆さまに落ちて来て、地面一杯に散らばり、ブタの群れを肥らせていた。タカやノスリやワシが数知れず宙を舞い、ヒナを巣からさらっていった。木立の頂きを仰いで、地上六メートル以上のあたりを見ると、無数のハトが群舞し、いうまでも騒然としていた。その羽音は、雷鳴が轟くようであった(アレクサンダー・ウィルスン、一九世紀初頭)――。

今もアメリカのオーデュボン協会にその名を残す自然科学者J・ジェームス・オーデュボンも、一八一三年秋、オハイオ州で八十八キロも移動し、三日も旅をしたのに、その間、空を真っ暗にして飛び続けるリョコウバトの密集群について書いています。そのなかでも、オーデュボンはリョコウバトに間断なく銃撃を加える大人や子供についても記録するのを怠っていません。一週間かそこら、附近の住民はハトの肉ばかり食い、ハトのことしか話さなかったのです。

そのように数限りなく殺戮されていたにしろ、一八一三年までのアメリカ大陸に、地球史がはじまって以来の大群をなすハトがいたことは間違いありません。ウィルスンの推定では二十億羽です。それをオーデュボンはその半数と見積もりましたが、そ

リョコウバト

れでも十億羽です。それがオーデュボンの記述から百年そこそこで絶滅するなどと誰が信じたであろうか？

ですが、リョコウバト（ワタリバト、パッセンジャー・ピジョン）は作物を荒らすという罪？　がありました。開拓農民は彼らを憎み、殺しに殺しました。一日に何千何万羽も殺しました。

一羽一セントでしか売れなかったという時期もあるし、一ダースで一ドル～一ドル五十セントで売られたこともありました。ブナの木が伐採されて、リョコウバトの営巣地が失われてゆきました。時には、用材を伐《き》り出し、時にはリョコウバトを捕るために、一本倒すたびに二～三本の木が倒れるという方法で森や林を減らしました。

とりわけリョコウバトはずいぶん大きなハト（尾が長く、全長五十センチもあった）ではあるが、一回に一～二個の卵しか孵《かえ》さず、年に何回もヒナを増やすこともありません。その上、リョコウバトは相互の接触刺激によって行動を促される鳥であります。つまり大群をつくらないと生活も産卵育雛《いくすう》も出来ないという短所もありました。

一九〇〇年代に入ると、あれほどの超密群が、「そういえばどこそこで一群れを見たなぁ」という程度に減ってしまうなど想像を絶していました。人間は自分の利益を害され、また利益を得たと思った時は、どんな悪魔《サターン》にもなれるのです。「一群れを見た」という時代から「この頃はサッパリ見ない」という時代まではわずかの期間でした。

一八九五年から一九〇〇年代のはじめにかけて、イリノイ州に何百羽か、ウィスコンシン州、ネブラスカ州で何羽かが見られました。一九〇七年までにミシガン州で約五十羽が見られ、その年、カナダのケベック州で一羽が殺されたのが、「野生のリョコウバトでは最後」とされています。

もちろん個人や動物園で飼われていたものもありましたが、殖《ふ》えるというわけにはゆかず、ちょうど日本のトキのように、数が減る一方で、慌てて保護、繁殖をはかってももう回復せず、一九一四年九月一日午後一時、オハイオ州シンシナティ動物園でもたった一羽しかいなかったメスが老衰死してしまいました。

一羽もいなくなってしまってから、何とかその原因をほかに転嫁しようとして、南米へわたってゆく途中で溺れ死んだという説などいくつかの言い訳が考え出されました。すべて一部は的中していても、全部には適用出来ない弁護でした。つまり、海で溺死とか、森林破壊とか、伝染病といった原因が、人類のリョコウバト直接殺戮という主因と組み合わさって、リョコウバトは人類の無知と貪欲から殺し尽くされたのです。

アメリカ白人は同様に野生シチメンチョウを葬り、カロライナインコも滅ぼしました。奇《く》しくもそのうちカロライナインコの最後の一羽が飼育下で死んだのは、リョコウバトの最後の一羽がシンシナティ動物園で死んだ時と同じ、一九一四年の九月でした。

カロライナインコ

リョコウバト

ナウマンゾウ

内陸の湖沼地帯にばかりいたわけではないナウマンゾウ

かつて亀井節夫先生が『日本に象がいたころ』という新書を著《あら》わされましたが、そのゾウたちはいつ頃まで日本にいたのでしょうか？　ナウマンゾウの場合、それは一万六千年ほど前だということになっています。その頃ナウマンゾウに匹敵するような巨獣はいたのか？

ステゴドンの一種、東洋ゾウというのがいて、ナウマンゾウの向こうを張っていました。しかるに東洋ゾウ（ステゴドン・オリエンタリス）は冷涼な気候に向いていなかったのです。ナウマンゾウはむしろ寒冷地のほうが好きだといってもいいくらいでした。そして当時の日本の気候はずんずん寒冷化していたので、東洋ゾウはナウマンゾウに競い負けたのだそうです。

日本にはほかにもステゴドン系のアオモリゾウがいたし、サイもいたのです。大きな猛獣もいたか？　それだっていたのです。トラも、ヒョウも、ヤマネコも。オオカミもいた。しかもシベリアオオカミ系の大型の奴らだった。彼らがナウマンゾウに食ってかかるほど、無茶な野郎どもだったとは思えません。が、交通事故というのはどこだっていつだって、苦もなく起こるものです。

高原地帯や落葉樹の林のなかで、突如、トラが怒号し、ゾウの円柱のような前脚や大太刀のような牙に激突するということもあったでしょう。俊猛《しゅんもう》な狼群が若い、あるいは病気か不具なナウマンゾウに、衆を頼んで襲いかかることもあったはずです。豪勇な北地野牛《ほくちやぎゅう》やハナイズミモリウシのような野生牛たちも、常にヒョウに仔牛を狙われることを予期していました。洪積世の日本は、そのような猛獣境であり、巨獣楽園でもあったのです。

ひょっとすると、信じがたいほど巨大な掌状角《しょうじょう》を頭上に差しかざしたオオツノジカのオスが、ナウマンゾウと対立することもあったのじゃないか？　シカとゾウでは勝負にならない？　そうでもないぞ。オオツノジカの角の広がりは三メートルを越えていました。その三十キロもある双角の重みに楽々と耐えたのだから、オオツノジカの肩高は二メートル三十センチもありまｓ。ナウマンゾウの肩高はあまり大きくない個体なら二メートル五十センチくらいです。案外、立派にかけ向かえたかも知れません。シカのオスは発情期には、悪獣といっていいくらい狂暴になるのだ！

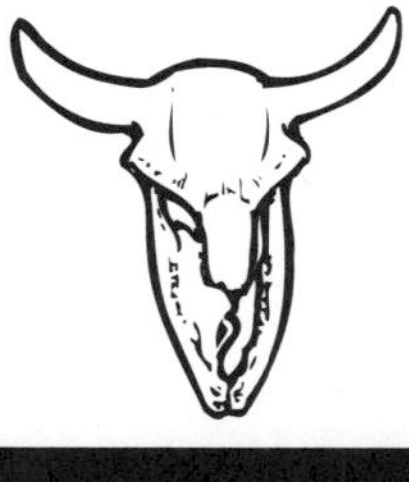

ハナイズミモリウシの頭骨

ナウマンゾウ

ですが、ナウマンゾウで最も大きい個体といえば、肩高三メートル五十はありました。これは立っている時の肩の高さで、頭はそれより上にあり、ナウマンゾウは頭の上に一対のコブ状の突起がありました。だからもっと高く見えたはずですし、牙は太刀の反りほど反っていましたが、おおよそ直走し、極めて立派です。ナウマンゾウはパレオロクソドン系で、これは「巨象の系統」です。なかアフリカゾウより雄偉な風貌のものもあったでしょう。

野尻湖畔の発掘（昭和三七～四〇年、一九六二～六五年）でにわかに有名になったナウマンゾウは、いつも湖畔の何だか寒々とした環境に住んでいたような印象を受けますが、実は森林生活をしていたらしいのです。その骨や、牙や、歯が、しばしば石灰洞などの洞窟から出ますから、人々はよく亀井先生などに、「ゾウも洞窟に住んでいたのですか」と聞くそうです。むろん化石というものは、その動物が住んでいたところに残るものとは限りません。ナウマンゾウの歯はよく海底からも出ますから、そんなことをいったら海のなかに住んでいたことになっちゃいます。

ナウマンゾウは陸上の林の内外に、主に生活していました。野尻湖から何百という化石が出て、石器も、牙の細工物も、尖頭《せんとう》骨器《こっき》も出ているのに、それを加工し使った石器時代人の骨は出て来ないのです。これを指摘した哺乳類の専門家の今泉忠明さんは、それに対する学者の答えを紹介しています。

「野尻湖のそこら一帯は野尻湖人の生活の場ではなく、彼らの狩猟対象だったナウマンゾウやオオツノジカの屠殺場あるいは解体場であろう」

野尻湖人と呼ばれる石器時代の日本人は、何百頭という大きなシカやゾウを処理しながら、肉や皮をいちいち遠くまで（彼らの生活の場まで）運んだのか？ ハテ、面妖《めんよう》な。そんな骨の折れることをどうしてしたのかな？

これについて、福田芳生医学博士は『化石探検』のなかで、〝ものすごく臭《くさ》い話〟を紹介しています。北海道南部の忠類《ちゅうるい》村から、四～五万年前のものと思われるナウマンゾウの遺体が発掘されました。その死体のまわりからは腐肉や脂肪、内臓が変化したものと思われるタール状の物質や、ハエの蛹《さなぎ》が見つかりました。ハエの蛹《さなぎ》があったことは、そのゾウの腐乱《ふらん》していたことを示しています。

「おそらくその腐臭は、私たちの頭がグラグラするほどのすさまじいものであったでしょう」

ことによると、この悪臭が、野尻湖人の村から、湖底に残る処理場を遠ざけた理由かも知れません。

ナウマンゾウは、この旧石器時代人の〝主要な獲物〟であり、それに引き続く新石器時代人は〝よりさかんにゾウ群を狩った〟という。その上に（悪いことは重なるもので）ナウマンゾウの好まない気候の温暖化という要素もあって、彼らを絶滅にみちびいたのです。

ナウマンゾウはしかし、たった一言《ひとこと》によって、後世、そして現代にまで伝わりました。つまり名前だけは生き続けました。それが、象《キサ》という名詞です。その後、日本にはゾウがいなかったのに、上代《じょうだい》でも、平安時代でも、足利時代以降も記憶され、キサという言葉に漢字の象という字を当てられて、書き伝えられもしました。象《キサ》は生き残った縄文語《じょうもんご》だという説もあります。象《ぞう》との字を読むようになってからも、この古称は忘れ去られはしなかったのです。

徳川時代に日本へ渡米したゾウについて、霊元上皇の詠《よ》まれた歌には、「珍しく都に象《きさ》の唐やまと　過ぎし野山は幾千里《いくちさと》なる」と歌い込まれています。東京には歴然と象潟《きさがた》という地名が残っています。象《キサ》とは、ナウマンゾウのことだったのです。

もし〝UMA動物学〟というものがあるとしても、それは私にとっては通常の動物学とほとんど変わりはない。それをヤルについて大いに使われ、燃やされるものは、未知のものへのあくなき好奇心、探求欲、想像力といったものだ。〝通常の動物学〟は、そのうち想像力なんかなくして、唯物的、計数的にのみヤレというふうに考えられている。ところがそんな想像力禁止、〝夢なし主義〟〝非文学的態度こそ望ましい〟という研究態度を続けた動物学者はモノにならない。書くものは砂を食べるようにつまらない。人間らしい、風格ある動物学者というのは、すべてユーモラスで風流味があって、人を惹きつける魅力がある。書くものもおもしろいと決まっています。動物を詠じた詩歌や伝説、エピソードのたぐいを軽んじないのも、そうした学匠たちの共通性です。

私がUMA、EMA、EAを語るについて参考にしたのも、そのような先学の高風です。私がときどき学者の頑陋《がんろう》さについて不満をもらすので、何か、私が反主流？反権力派？　みたいに思いなす人もおられるようなので、ちょっと一言しておきます。

また、これは私とか、学者たちに対する批判ではありませんが、いるのかいないのか、わかりもしないものに熱を上げ、ひたすら細部にこだわり、微小な手がかりを「針小棒大」にして論じる、いわゆる〝おたく〟たちをですね、こんなふうに批判する人がいます。「彼ら（おたくたち）は一応自分らのやってることを半分冗談だといいながら『我々の本はいわゆるマニアックな心理から書かれたものではない、その手法や学問的な意義は本物である』と主張する。冗談なら冗談でいい、その研究に何の意味もないならそれでいい。そこがおもしろいのに、なぜ残り半分を本気だの学問的だのと主張したがるのか、了解に苦しむ」というのですな。おそらくこれは一般読者の方々が大変まともでまじめでいらっしゃるので、そのようにいっておかないと、怒られるのではないかという気づかいによるのでしょう。私はいかに〝学問的〟であろうと、〝手法が本物〟であろうと、おもしろくなくては話にならない、おもしろくもない指導者ヅラの書きものを読ませようとする態度こそ、読者を怒らせると思います。

〝おたく族〟といえば、私もその一員であるところのシャーロック・ホームズ研究団体などは、もっとも代表的な例でしょう。実は想像、空想、無意味を享受している人々は、自分らを〝おたく〟だなんて感じてもいず、自分らと〝非おたく族〟の間に一線を引こうなんて思ってもいないのです。私としては、むしろ動物作家と称して本や記事を書きはじめた頃、批評家の〝高踏的な常識人らしき態度〟のほうが鼻にツンと来ましたね。ほめてくれるのはいいのだが、「動物マニアぶりがほほえましい……」といったような口調の、あれです。自分は常識をわきまえた正常な社会人だという気取りです。もちろんその後、そういった風潮は変遷し、今は、なくなってしまいましたがね。もともとマニアっていうのは、明治の人、黒岩涙香《るいこう》が訳書の中で「狂性《マニヤ》」と表記しているくらいで、全然、評価したといえるものじゃなかったのだ。

で、以て、私にとってはＵＭＡ、ＥＭＡ、ＥＭも動物学の一部である。民話や伝承や奇聞の研究と変わりはない。それぞれに関心の方向が違うだけである。〝ＵＭＡ動物学〟はひどく後ろ（過去）向きで、同時に前（現在、未来）にも向いている研究であった。過去から資料を探し、発見は現在、正体追求はさて私の推理があたるかどうかという点で未来にかかわるからだ。従って、私は過去、中生代の中国に、〝恐龍を食う哺乳類〟がいたという最近のニュースにもハッとするし、特殊な遺伝子配列の解析によって、クジラ類がウシ科動物、カバ科動物に近いという東京工業大学の岡田典弘教授の研究にも関心を抱く。かつて〝毒鳥〟というものはいないと信じていたのに、一九九二年、ニューギニアでニューギニア・ピトフーイ（ヅグロモリモズ）という鳥の皮膚や羽に強い毒性があることがわかったと聞いて、「さては中国の古書にいう猛毒の鳥、鴆《ちん》と何らかの関係が？」と目玉をギョロつかせ、二〇〇四年一二月二六日のインド洋大津波の際にも、タイ南部で観光用のゾウが津波を予知し、その襲来より前に丘に向かっていっせいに爆走した。そのおかげで、ゾウたちの背中に乗っていた十人の外人観光客の命が救われた――そういう話ばかり覚えているのです。

そんなような筆者が、ＵＭＡテーマではこれ以上さしあたりもうタネはない、という思いで書きました。

二〇〇五年四月五日

實吉達郎

◎索引

【ア行】

【カ行】

【サ行】

【タ行】

【ナ行】

【ハ行】

【マ行】

【ラ行】

【ワ行】

◎参考文献

『進化の設計』 佐貫亦男 著／朝日新聞社

『化石探険』 福田芳生 著／同文書院

『古脊椎動物図鑑』 鹿間時夫 著／朝倉書店

『古生物学』下 鹿間時夫 著／朝倉書店

『鳥の時代』 A・フェドゥシア 著／小畠郁生、杉本剛 訳／思索社

『哺乳類の時代』 B・クルテン 著／小畠郁生 訳／平凡社

『物語世界動物史』 ヘルベルト・ヴェント 著／小原秀雄、羽田節子、大羽更明 訳／平凡社

『失われた動物』 R・カーリントン 著／加藤初穂、真城正明 訳／図書出版社

『動物綺譚』 ウィリー・レイ 著／池辺明子 訳／図書出版社

『UMA モンスターショック』 並木伸一郎 著／竹書房

『ネス湖の怪獣』 ティム・ディンスデイル 著／南山宏 訳／大陸書房

『惑星動物の謎』 斉藤守弘 著／大陸書房

『世界の怪獣』 沼田茂 著／大陸書房

『幻の動物たち』上・下 ジャン・ジャック・バルロア 著／ベカエール直美 訳／早川書房

『幻の恐龍を見た』 ロイ・P・マッカル 著／南山宏 訳／二見書房

『サイエンス・ノンフィクション』 斉藤守弘 著／早川書房

『猛獣』 小原秀雄 著／毎日新聞社

『タスマニア狼』 グラハム・ピゼー 筆／高橋嘉男 訳／動物文学第百八十輯 所収

『南総里見八犬伝』 曲亭馬琴 著／岩波新書

『マンモス象とその仲間』 井尻正二 著／福村書店

『海洋冒険物語』 南洋一郎 著／講談社

『アイルランドヘラジカ』 S・J・グールド 著／『ダーウィン以来』所収／早川書房

『野生動物の世界』 小原秀雄 著／紀伊国屋書店

『謎と秘境物語』 黒沼健 著／新潮社

『脊椎動物の進化』 E・H・コルバート 著／田隅本生 訳／築地書館

『恐龍』動物大百科別巻 デヴィッド・ノートン 著／濱田隆士 監修／平凡社

『世界の怪動物99の謎』 實吉達郎 著／二見書房

『人類はいつから強くなったか』 實吉達郎 著／祥伝社

『古代猛獣たちのサイエンス』 實吉達郎 著／PHP文庫

『古代の牙王サーベルタイガー』 實吉達郎 著／パンリサーチ・インスティテュート

『動物界の驚異と神秘』 ジーン・ジョージ 監修／日本リーダース・ダイジェスト社

UMA/EMA読本

a theory of Unidentified Mysterious Animals/Extinct Mysterious Animals

實吉達郎

Tatsuo Saneyoshi

UMA EMA 読本

2005年5月15日　　初版発行

著者……………………實吉達郎《さねよしたつお》

編集……………………来栖《くるす》美憂《みゆう》
新紀元社編集部

本文イラスト……………白川忠志（UMA）
福地貴子（EMA、EA）

発行者…………………大貫尚雄

発行所…………………株式会社新紀元社
〒101-0054
東京都千代田区神田錦町1-7錦町一丁目ビル2F
TEL: 03-3291-0961
FAX: 03-3291-0963
http://www.shinkigensha.co.jp/
郵便振替　00110-4-27618

DTP・フィルム出力………株式会社明昌堂

印刷・製本………………東京書籍印刷株式会社

ISBN4-7753-0385-6
定価はカバーに表示してあります。
Printed in Japan